精致粤菜

1688例

甘智荣 主编

江西科学技术出版社

江西·南昌

图书在版编目（CIP）数据

精致粤菜1688例 / 甘智荣主编. -- 南昌：江西科
学技术出版社，2017.11
　　ISBN 978-7-5390-6130-6

　　Ⅰ.①精…　Ⅱ.①甘…　Ⅲ.①粤菜—菜谱　Ⅳ.
①TS972.182.65

中国版本图书馆CIP数据核字(2017)第272361号

选题序号：ZK2017196
图书代码：D17110-101
责任编辑：张旭　王凯勋

精致粤菜1688例
JINGZHI YUECAI 1688 LI

甘智荣　主编

摄影摄像	深圳市金版文化发展股份有限公司	
选题策划	深圳市金版文化发展股份有限公司	
封面设计	深圳市金版文化发展股份有限公司	
出　　版	江西科学技术出版社	
社　　址	南昌市蓼洲街2号附1号	
	邮编：330009　电话：（0791）86623491　86639342（传真）	
发　　行	全国新华书店	
印　　刷	深圳市雅佳图印刷有限公司	
开　　本	720mm×1020mm　1/16	
字　　数	390千字	
印　　张	22	
版　　次	2018年1月第1版　2018年1月第1次印刷	
书　　号	ISBN 978-7-5390-6130-6	
定　　价	39.80元	

赣版权登字：03-2017-393

版权所有，侵权必究

（赣科版图书凡属印装错误，可向承印厂调换）

目 录 CONTENTS

浓郁畜肉

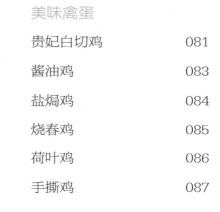

第三章
喝滋补汤水

第四章
品别致点心

第五章
尝花样主食

木瓜莲子百合汤

豉汁排骨

第 1 章

关于粤滋味

　　粤菜系由广州菜、客家菜和潮州菜三种地方风味组成，以广州菜为代表，有"食在广州，味在潮州，厨出凤城"之说。

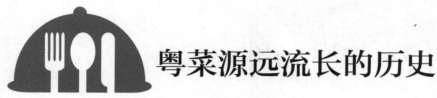

粤菜源远流长的历史

粤菜系是我国八大菜系之一，其形成和发展与广东的地理环境、经济条件和风俗习惯密切相关。广东地处亚热带，濒临南海，雨量充沛，四季常青，物产富饶，故广东的饮食一向得天独厚。但同中原饮食或其他菜系相比，其传统饮食文化的沉淀不如中原及其他地区浑厚。粤菜长期受海外文化的影响和滋润，看重传承，又不固于传统，在统一中显出灵活、清新和年轻，是我国饮食体系中最富有改革和创新精神的角色。它吸取西菜面点和外来饮食中的许多优点，重视积极借鉴、吸纳、消化外来饮食文化的先进方面，进而融会贯通于民族饮食文化之中。

粤菜的起源可远溯至距今两千多年的汉初。古代，中原的移民到来之前，岭南越族先民就已有独特的饮食风格，如嗜好虫蛇鱼蛤与生食。自秦汉开始，中原汉人不断南迁进入广州。他们不但带来了先进的生产技术和文化知识，同时也带来了"烩不厌细，食不厌精"的中原饮食风格。在西汉《淮南子·精神篇》中载有粤菜选料的精细和广泛，可以想见千余年前的广东人已经对用不同烹调方法烹制不同的异味游刃有余；在此篇中也有"越人得蟒蛇以为上肴"的记述。

到了唐宋时期，中原各地大量商人进

入广州，广州的烹调技艺迅速得到提高。唐代诗人韩愈被贬至潮州时，在他的诗中描述潮州人食鲎、蛇、蒲鱼、青蛙、章鱼、江瑶柱等数十种异物，感到很不是滋味。但到南宋时，章鱼等海味已是许多地方菜肴的上品佳肴。宋代周去非的《岭外代答》也记载广州人"不问鸟兽虫蛇无不食之"。这与广州所处的地理环境分不开。广州属于亚热带水网地带，虫蛇鱼蛤特别丰富，唾手可得，烹而食之，由此养成喜好鲜活、生猛的饮食习惯。到后来生食猪牛羊鹿已不多，但生食鱼片，包括生鱼粥等的习惯保留至今。而将白切鸡以仅熟、大腿骨带微血为准，则于今仍是如此，将粤菜的刀工精巧、配料讲究相得益彰、口味清而不淡诸特点，表现俱足。

到了明清，广州的饮食文化进入了高峰。据清道光二年的有关文献记载了"广州西关肉林酒海，无寒暑，无昼夜"的繁盛之景。晚清，广州成为中国南方最大的经济重镇，南北饮食文化交流更加频繁，京都风味、姑苏风味、扬州风味等与广东菜地方风味特色互相影响、互相渗透，菜式得以不断改良，烹调技术飞速提高，粤菜进入了真正的成熟和发展时期。

鸦片战争之后，广州海运大开，西方各国的烹饪原料、烹调技艺相继传入，进一步推动了粤菜的发展，南北兼容，中西并蓄，极富特色的美食、小吃大批大批地涌现出来。漫长的岁月，使广州人既继承了中原饮食文化的传统，又博采外来及各方面的烹饪精华，再根据本地的口味、嗜好、习惯，不断吸收、积累、改良、创新，最终形成了融南北风味于一炉、集中西烹饪于一身的独特风格，并在各大菜系中脱颖而出，名扬海内外。

粤菜的特色

粤菜名扬天下，首先是从"无所不吃"开始。广州紧邻港澳，面向东南亚，自古以来就是1个极具开放性和包容性的城市，这点在粤菜中体现得淋漓尽致。飞禽走兽、蛇虫鼠鳖，广东人从不忌讳。一方面是广东拥有丰富的物产资源，另一方面则由于广东古为"蛮荒之地"，受正统封建思想的影响较小，广东人思想更为自由和开放，有敢为天下先的勇气。

粤菜的创新，从不走生搬硬套之路，而是结合广东原料广博、质地鲜嫩、口味喜鲜的特点，加以发展，触类旁通。由北方的"爆法"演进为"油泡法"；将一般的余法发展为规范的制作名贵汤品的余法；引进西餐的焗法、吉列炸法、扒法，改造为自己的烹调方法；借鉴西餐调味汁的做法，首创了粤菜的酱汁调味法等，无不体现出粤菜的创新性。

粤菜选料精巧，精工烹制。它在配料、刀工、火候、烹饪时间、起锅、包尾、器皿、上菜方式等诸多环节都有着非常严格的要求。广州菜又称"广府菜"，是粤菜的代表。广府菜的基础是顺德菜，而顺德菜中有很多菜式以制作精美著称。例如，顺德清晖园过去有一道名菜"酿银芽"，是把金华火腿丝酿进小小的绿豆芽内，垫以炒鸡丝、冬菇丝、猪肉丝，精致

典雅，口感绝佳，令人叫绝。做工精致这一特点令粤菜的品质维持在很高的水准，色香味俱佳，很大程度上刺激了食客的胃口，使进食变成享受。

粤菜有两个显著的特点：清和鲜。所谓"清"，是指味清；所谓"鲜"，是指鲜活。粤菜的口味清，体现在烹调方法上，就是强调原味。粤菜一般只用少量姜、葱、蒜头做"料头"，而少用辣椒等辛辣性佐料，也不会大咸大甜。徐珂在《清稗类钞》中说："粤人嗜淡食。"粤菜追求食材的本味、清鲜味，如活蹦乱跳的海鲜、野味，要即宰即烹，多用蒸、煮等方法。粤菜又讲究食材的鲜活，"生猛海鲜"是粤菜的亮点之一。

善于制汤是粤菜与其他菜系的重要区别之一。由于气候的原因，粤菜十分注重汤水。《清稗类钞》记载："粤人餐时必佐以汤。"粤菜中的汤已发展成了一种带有浓厚地方特色的文化。粤菜中的汤有三大功效：第一是佐餐，第二是养生，第三是辅助治疗各种疾病。首先是佐餐，岭南气候闷热，夏季漫长，除非借助风扇、空调帮忙，人们哪怕在家待着不动，都极易流汗，造成水分流失，汤恰恰能提供足够的水分，补充人体对水的生理需求。同时，美味可口的汤诱人食欲，帮人们打开味蕾，在高温难耐、没有食欲之时，汤品实是极佳的佐餐。在养生与辅助治疗疾病方面，汤能调理湿热气候对人体的影响，起到强身健体、养颜美容、清补滋润、消暑消热等作用，如芥菜瑶柱煲猪肚汤，瑶柱提鲜，芥菜含有维生素A、B族维生素等营养成分，具有健胃消食、提神醒脑、缓解疲劳等功效。

粤菜别具一格的烹饪技巧

炒

炒是粤菜烹调中最常用、最广泛的一种烹调方法,指将切好的丁、条、丝、片等用适量的油进行翻炒至熟的一种方法。其特点是脆、嫩、滑、香。具体可分为生炒、熟炒、滑炒、干炒、爆炒、清炒等。

煎

平常所说的煎,是指先把锅烧热,再以凉油涮锅,留少量底油,放入原料,先煎一面上色,再煎另一面。煎时要不停地晃动锅,以使原料受热均匀、色泽一致,使其熟透,食物表面会成焦黄色或者微煳状。

炖

炖是指将原材料加入汤水及调味品,先用旺火烧沸,然后转成中小火,长时间烧煮的烹调方法。炖出来的汤的特点是滋味鲜浓、香气醇厚。

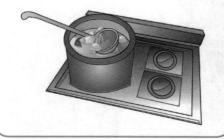

烩

烩是指将原料投入锅中略炒或在滚油中过油或在沸水中略烫之后,放在锅内加水或浓肉汤,再加佐料,用大火煮片刻,然后加入芡汁拌匀至熟。这种方法多用于烹制鱼虾和肉丝、肉片等。

扒

扒是将改刀后的原料排放整齐，再用葱、姜、蒜炝锅，将原料下锅，加入调味品，慢火烧熟后，用湿淀粉勾芡，淋明油出锅的一种烹饪方法。

蒸

蒸是一种常见的烹饪方法，其原理是将经过调味后的原材料放在容器中，以蒸汽加热，使其成熟或酥烂入味。其特点是保留了菜肴的原形、原汁、原味。

炸

炸是将原料经刀工处理后入味或不入味，挂糊或不挂糊用多量油炸至成熟的一种方法。具体可分为清炸、干炸、软炸、酥炸、脆炸、松炸、纸包炸。

焖

焖是从烧演变而来的，是将加工处理后的原料放入锅中加适量的汤水和调料，盖紧锅盖烧开后改用中火进行较长时间的加热，待原料酥软入味后，留少量味汁成菜的烹饪技法。

粤菜的特色调味品

"开门七件事，柴米油盐酱醋茶"。看似不起眼的调味料，在人们的生活中往往也占有一席之地。在广东饮食文化中，新鲜的食材一直为人们所津津乐道，对隐于幕后的调味料难免有些忽略。事实上，讲究用料的粤菜，不仅主料丰富，调味料亦十分丰富。粤菜的调味料多而不杂，精而不乱，从不喧宾夺主，而是致力于凸显食材的本味，最终达到锦上添花的效果。

潮汕沙茶酱

谈及粤菜调味料，不可不提潮汕沙茶酱。沙茶酱原本是印度尼西亚的一种风味食品，其原意是烤肉串，多用羊肉、鸡肉或猪肉制成，所用的调料味道辛辣。传入潮汕后，当地人只取其辛辣特点，沙茶酱逐渐演化为一种微辣、咸鲜的调味品。潮汕沙茶酱，香而不辣，略带甜味。用沙茶酱拌面，味道尤其鲜美；将沙茶酱与鱼、肉、菜等煎炒，可助香提味；在各式火锅中以沙茶酱为蘸料，亦能起到增香、增鲜之功。

鱼露

又称鱼酱油，是潮汕地区的一种常见调味品。它的味道主要分为鲜味和咸味，潮汕菜将它用作水产的调味品。鱼露是用小鱼虾为原料，经腌渍、发酵、熬炼后得到的一种味道极为鲜美的汁液，色泽呈琥珀色。将小蚝仔搭配上薯粉、鸡蛋、葱花等材料煎至金黄，制成煎蚝烙，端上饭桌，蘸少许鱼露，一口咬去，满口鲜香，回味无穷。

普宁豆酱

令挑剔的广东人也交口称赞的，非普宁豆酱莫属。广东人吃消夜时，若叫了鱼饭，一定也会点一碟普宁豆酱。普宁豆酱酱香独特，微微的咸味中更多的是鲜美，类似于日本纳豆的清香却更醇厚，跟甜美的鱼饭配在一起，能让鱼变化出百般滋味来。将普宁豆酱用于烹饪潮汕传统名菜"豆酱焗鸡"，风味也是绝佳。

蚝油

说到酱料，不得不提广东特有的酱料——蚝油。蚝油是由蚝豉熬制而成，味道鲜美醇厚，鲜香咸味中而带点甜，具特有的酯香气，适用于炒、烩、烧等多种烹调技法。一碗素面，淋上少许蚝油，撒上葱花，拌而食之，增鲜味美；搭配蔬菜中，可为其增添风味；应用于荤菜中，滑炒而成，成菜爽滑可口、鲜醇甘腴。

 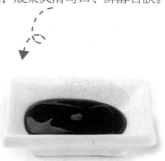

虾酱

虾酱是中国沿海地区、香港以及东南亚地区常用的调味料之一，是用小虾加入盐，经发酵磨成黏稠状后做成的酱食品，味道很咸，不适宜大量食用。虾酱的颜色呈紫红色，酱质细腻，具有独特的鲜香，滋味鲜美，回味无穷。用虾酱可制作许多独特味美的小菜，如虾酱炖豆腐、鸡蛋虾酱饼等。

鲍汁

鲍汁是发制鲍鱼时所得到的原汁，具有油润爽口、味道鲜美、香气浓郁的特点。但由于现在市面上的所需量较大，便转由母鸡、猪蹄膀、金华火腿、干贝、海米等食材所熬制。将鲍鱼汁淋在饭上便是广东有名的吃法"鲍汁捞饭"，或炒时蔬，吃起鲜味浓郁，别有一番滋味。

卤水汁

广式卤水汁专用于卤肉、卤鱼、卤豆腐、卤排骨等菜肴的卤制或卤制熟食的调味沾食，以达到调香、调鲜、调色、调味、嫩肉、祛腥、祛异味等目的。

广式卤水汁用途非常广泛，无论是各种肉类、鸡蛋或者豆腐，均可以卤制成美味佳肴。

XO 酱

XO酱最先出现于20世纪80年代香港一些高级酒家，并于90年代开始普及化。XO酱的制作采用了瑶柱、虾米、金华火腿及辣椒等材料。XO酱的使用方法千变万化，既可作为餐前或伴酒的小食，亦适合伴食各款佳肴、中式点心、粉面、粥品，更可用于烹调肉类、蔬菜、海鲜、豆腐、炒饭等，堪称酱料中的"XO"。

柱候酱

柱候酱是广东佛山的特色产品之一，是在嘉庆年间由厨师梁柱候创制而成，因此该酱料也是以他的名字来命名。柱候酱的主要原材料为大豆和面粉，在制作过程中还加入了一些蒜茸、生抽、白糖、食油、八角粉等，使得它的味道极其特别，味道也很浓厚，在用来烹饪鸡鸭鱼肉等肉类食物时，味道格外鲜美独特。

海鲜酱

海鲜酱也是广东佛山特色调味料之一，能够抑腥提鲜，是烹制海鲜的优质调料，亦可用于生鲜肉类的烹饪调味，滋味分外香浓。

土豆炖牛腩

沙姜猪肚丝

第2章

吃经典粤菜

粤菜食谱绚丽多姿，烹调法技艺精良，并以其用料广博而杂著称。将粤菜带入家常餐桌中，能让你有意想不到的惊喜。

白灼菜心

🍲 烹饪时间
2分钟

原料

菜心400克，姜丝、红椒丝各少许

调料

盐6克，生抽5毫升，味精3克，鸡精3克，芝麻油、食用油各适量

做法

1 把洗净的菜心修整齐。

2 锅中加约1500毫升清水，大火烧开，加入食用油、盐。

3 放入菜心，拌匀，煮约2分钟至熟，捞出，沥干水分，装入盘中备用。

4 取小碗，加入生抽、味精、鸡精，加入煮菜心的汤汁。

5 放入姜丝、红椒丝，再倒入少许芝麻油拌匀，制成味汁，盛入味碟中。

6 食用菜心时佐以味汁即可。

小贴士

菜心入锅煮的时间不可太久，否则菜叶会变黄，影响成品美观。

上汤菜心

原料

菜心500克，皮蛋1个，熟咸蛋1个，上汤适量，鲜香菇、大蒜、生姜各少许

调料

盐3克，鸡粉2克，味精、料酒、食用油各适量

做法

1 将熟咸蛋、皮蛋分别剥去壳，切成块；香菇切片；大蒜切片；生姜切细丝；洗好的菜心切去老茎，再将菜梗切开，炒锅注油烧热，放入大蒜，煸香后捞出备用。

2 锅底留油，倒入清水，用大火煮沸，放入香菇，加入少许盐、味精，焯煮半分钟至熟，捞出备用。

3 放入菜心，焯煮至菜心变软，捞出装入盘中备用。

4 起油锅，放入香菇、姜丝和炸好的蒜片，煸香，加料酒、上汤，煮沸，放入少许鸡粉，倒入咸蛋、皮蛋，煮约1分钟，制成上汤汁。

5 将上汤汁浇在菜心上即成。

菜心烧百合

烹饪时间
1 分 30 秒

原料

菜心300克，百合40克，蒜末少许

调料

盐2克，鸡粉、白糖各少许，米酒4毫升，水淀粉、芝麻油、食用油各适量

小贴士

菜心要切开菜梗，既可使其入味，也能缩短制作时间。

做法

1 将洗净的菜心切去根部，再切成小段；用油起锅，下入蒜末，用大火爆香，倒入切好的菜心，快速翻炒几下，淋上少许米酒，炒香、炒透。

2 放入洗净的百合，翻炒至全部食材熟透。

3 调入盐、鸡粉、白糖，炒匀，注入少许清水，略煮片刻至菜梗熟透。

4 倒入少许水淀粉，炒匀，放入适量芝麻油，翻炒至食材入味，关火后盛出炒好的食材即成。

菌菇烧菜心

 烹饪时间
15分钟

原料

杏鲍菇50克，鲜香菇30克，菜心95克

调料

盐2克，生抽4毫升，鸡粉2克，料酒4毫升

做法

1 锅中注清水烧开，加入料酒、切成小块的杏鲍菇，煮2分钟。

2 倒入香菇，略煮一会儿，捞出，沥干水分，待用。

3 锅中注入清水烧热，倒入焯过水的食材，用中小火煮10分钟至食材熟软。

4 加入盐、生抽、鸡粉，拌匀，放入菜心，煮至变软，关火后盛出即可。

 小贴士

杏鲍菇入锅炒制的时间不宜过长，以免影响口感。

① 　② 　③ 　④

白灼木耳菜

烹饪时间
3分钟

原料

木耳菜400克，姜丝、红椒丝各8克，大葱丝10克

调料

盐2克，食用油3毫升，蒸鱼豉油适量

做法

1 锅中注入适量清水，大火烧开，加入适量盐，淋上少许食用油，搅拌匀。

2 倒入择洗好的木耳菜，拌匀，煮至断生。

3 将木耳菜捞出，沥干水分。

4 木耳菜装入盘中，放上葱丝、姜丝、红椒丝。

5 热锅注油，烧至八成热，浇在木耳菜上，淋上适量蒸鱼豉油即可。

白灼秋葵

烹饪时间
2分钟

（原料）

秋葵300克

（调料）

盐2克，生抽20毫升，
青芥末酱3克，食用油5
毫升

（做法）

1 锅中注入适量清水煮沸，放入盐、食用油。
2 倒入洗净的秋葵，余煮至断生。
3 将秋葵捞出，沥干水分，待用。
4 将生抽倒入青芥末酱内，搅拌均匀，食用时用秋葵蘸酱
汁即可。

小贴士
煮好的秋葵也可放入冰水中过一下，会更美味。

蚝油生菜

烹饪时间
2分钟

原料

生菜200克

调料

盐2克，味精1克，蚝油4克，
水淀粉、白糖、食用油各少许

做法

1 生菜洗净，切成瓣；用油起锅，倒入生菜瓣，翻炒约1分钟至熟软。

2 加入蚝油、味精、盐、白糖炒匀调味。

3 加入水淀粉勾芡，翻炒至熟透。

4 将炒好的生菜盛入盘内，淋上少许汁液即成。

小贴士

烹饪此菜前，一定要将生菜彻底清洗干净，以去除残留的农药化肥。

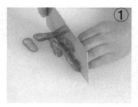
①

②

③

虾酱生菜

烹饪时间
2分钟

原料

虾酱10克，红椒20克，生菜130克

调料

食用油适量，盐3克

做法

1 红椒切圈热锅注油，倒入虾酱、红椒圈、生菜翻炒匀。

2 加入盐，炒匀入味，时间约2分钟。

3 将炒好的食材盛入备好的盘中即可。

小贴士

一般虾酱都有咸度，所以炒这道菜时可不放盐，以免盐度超标。

上汤娃娃菜

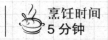 烹饪时间 5分钟

原料

娃娃菜270克，鸡汤260毫升，枸杞少许

调料

盐2克，鸡粉2克，胡椒粉、水淀粉各适量

做法

1 锅中注入适量清水烧热，倒入鸡汤，加少许盐、鸡粉，用大火略煮片刻。

2 待汤汁沸腾，倒入洗净的娃娃菜，拌匀，煮至软。

3 捞出娃娃菜，沥干水分，摆放在盘中，备用。

4 锅中留少许汤汁烧热，倒入洗净的枸杞，拌匀。

5 加入胡椒粉，拌匀，用水淀粉勾芡，调成味汁。

6 关火后盛出味汁，浇在娃娃菜上即可。

娃娃菜煮的时间不宜过长，以免营养流失。

干贝蒸白菜

烹饪时间
15分钟

原料

白菜250克，水发干贝50克，
蒜末15克

调料

盐3克，食用油适量

做法

1 洗净的白菜撕成小块；泡发好的干贝撕成小块。

2 热锅注油烧热，倒入蒜末，爆香，倒入干贝，炒匀，加盐，炒匀入味。

3 将炒好的干贝直接铺在白菜上，电蒸锅注水烧开，放入食材，蒸10分钟。

4 将蒸好的食材取出即可。

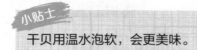

干贝用温水泡软，会更美味。

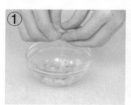

西芹百合炒白果

 烹饪时间
2分钟

原料

西芹150克，鲜百合100克，白果100克，彩椒10克

调料

鸡粉2克，盐2克，水淀粉3毫升，食用油适量

做法

1 洗净的彩椒切开，去籽，切成大块；洗好的西芹切成小块。

2 锅中注入适量清水，用大火烧开，倒入白果、彩椒、西芹、百合，略煮一会儿。

3 将焯煮好的食材捞出，沥干水分，备用。

4 热锅注油，倒入焯好水的食材。

5 加入少许盐、鸡粉、水淀粉，翻炒片刻。

6 关火后将炒好的菜肴盛出，装入盘中即可。

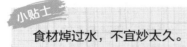 小贴士

食材焯过水，不宜炒太久。

蒜蓉豉油蒸丝瓜

烹饪时间
8分钟

原料

丝瓜200克，红椒丁5
克，蒜末5克

调料

蒸鱼豉油5毫升，食用
油适量

做法

1 将洗净去皮的丝瓜切段。

2 放在蒸盘中，摆放整齐，淋入食用油，浇上蒸鱼豉油，撒入蒜末，点缀上红椒丁。

3 备好电蒸锅，烧开后放入蒸盘，盖上盖，蒸约5分钟，至食材熟透。

4 断电后揭盖，取出蒸盘，冷却后即可食用。

摆放丝瓜时相互之间要留
有空隙，更易蒸熟软。

南乳炒藕片

烹饪时间
13分钟

原料

莲藕350克，南乳10克，蒜5克

调料

盐2克，食用油适量

做法

1 莲藕去皮切薄片；蒜切末。

2 热锅注油，放入蒜末，炒香。

3 放入莲藕翻炒均匀，放南乳炒匀，注入适量水。

4 待烧开后，加入盐，翻炒均匀即可。

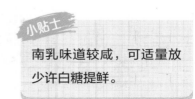

小贴士

南乳味道较咸，可适量放少许白糖提鲜。

香煎藕饼

 烹饪时间
6分钟

原料

肉末100克，去皮莲藕150克，香菇2个，虾皮30克，生粉40克，葱花少许

调料

盐、鸡粉各1克，胡椒粉、五香粉各2克，料酒、芝麻油各5毫升，食用油适量

小贴士

煎藕饼的时候宜用中小火。

做法

1 洗净去皮的莲藕切薄片；洗净的香菇切丝，切碎。

2 肉末中倒入香菇碎，加入虾皮，倒入葱花，加入盐、鸡粉、胡椒粉和五香粉，倒入料酒和芝麻油，拌匀，腌渍10分钟至入味。

3 取适量腌好的肉末放在两片莲藕之间，夹好，制成藕夹，将藕夹装盘，两面各抹上生粉，待用。

4 用油起锅，放入藕夹，煎约3分钟至肉末转色，翻面，续煎2分钟至两面微黄，关火后盛出，装入备好的盘中即可。

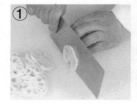

椰汁南瓜芋头煲

烹饪时间
20 分钟

原料

芋头、南瓜各50克，椰浆
200毫升

调料

盐6克，白糖2克，食用油
适量

做法

1 将芋头、南瓜切成块状。
2 热锅注油，放入芋头、南瓜块，翻炒至半熟，盛
出待用。
3 将南瓜、芋头块放入砂锅中，注入一小碗清水用
小火煲至软烂。
4 倒入椰浆，加入盐、白糖，炖至入味即可。

若喜欢吃甜味的，可不放盐。

金银砖

原料

芋头250克，红薯300克，白芝麻适量

调料

白糖50克，食用油适量

做法

1 红薯去皮洗净，切成小块，将切好的红薯块放入碗中浸泡。

2 芋头去皮洗净，切成小块，将切好的芋头块放入碗中浸泡。

3 热锅中注油烧至四成热，放入红薯块，转小火炸4~5分钟，炸至色泽金黄，捞起。

4 热油锅中放入芋头块，转小火炸4~5分钟至熟，捞起待用。

5 热锅中注水烧热，放入白糖，用锅铲拌至溶化，待糖汁变浓。

6 放入芋头和红薯，用锅铲快速翻炒均匀，撒入白芝麻即可。

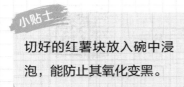

小贴士

切好的红薯块放入碗中浸泡，能防止其氧化变黑。

蜜汁南瓜

 烹饪时间
8分钟

原料

南瓜500克，鲜百合40克，枸杞3克

调料

冰糖30克

做法

1. 将去皮洗净的南瓜切片，装入盘中，堆成塔形。
2. 百合洗净掰成片状；枸杞洗净；用百合片放入南瓜中央摆成花瓣型，放枸杞点缀。
3. 将南瓜移到蒸锅，蒸约7分钟，取出。
4. 锅中加少许清水，倒入冰糖，拌匀，用小火煮至溶化，将冰糖汁浇在南瓜上即可。

小贴士

熬冰糖时水和冰糖的比例要合适，一般1：1即可。

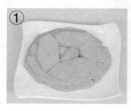
①

②

③

④

南瓜杂菌盅

 烹饪时间
43分钟

原料

南瓜650克，鸡腿菇65克，水发香菇95克，草菇20克，青椒15克，彩椒10克

调料

盐、鸡粉各2克，白糖3克，食用油适量

小贴士

南瓜的瓜瓤要清除干净。

做法

1. 香菇切小块；草菇对半切开；青椒切菱形块；彩椒切成小块；鸡腿菇切小块；南瓜切去顶部，掏空瓜瓤，制成南瓜盅，待用。

2. 将草菇、鸡腿菇放入沸水中焯熟，捞出沥干水分。

3. 用油起锅，倒入香菇、彩椒块、青椒块、草菇、鸡腿菇，翻炒均匀，注入清水，用大火略煮，加入少许盐、鸡粉、白糖，炒匀调味。

4. 盛出炒好的材料，装入南瓜盅内，将南瓜盅放入蒸锅，用中火蒸约40分钟，至食材熟透，取出，待稍微冷却后即可食用。

咸鱼茄子煲

🍲 烹饪时间
4分钟

原料

茄子350克，咸鱼100克，肉末30克，蒜末、姜片、红椒粒、葱段各少许

调料

盐、白糖、味精、老抽、生抽、料酒、海鲜酱、水淀粉、芝麻油、食用油各适量

做法

1 把茄子切成小块，放入淡盐水中浸泡，以防变色；洗净的咸鱼剔除鱼骨，再把鱼肉切成丁。

2 锅注油烧至六成热，放茄子，小火炸2分钟，捞出。

3 炒锅注油烧热，倒入咸鱼、肉末、蒜末、姜片、葱白、红椒粒，淋入少许料酒，炒匀。

4 放入清水、海鲜酱，用中火煮至沸，放入茄子。

5 加入盐、白糖、味精、老抽、生抽，翻炒至入味，倒入水淀粉、芝麻油，翻炒均匀。

6 将锅中材料盛入砂煲中，放置大火上，煮至沸，撒上葱叶，取下砂煲即成。

榄菜炒四季豆

烹饪时间
2分钟

原料

四季豆350克，榄菜70克，红彩椒、蒜末、葱末各适量

调料

盐2克，味精、料酒、食用油各适量

做法

1 把洗净的四季豆切成小段；洗净的红彩椒切小段。炒锅注油，烧至六成热，倒入四季豆，炸至深绿色，捞出沥油。

2 炒锅注油烧热，倒入红彩椒、蒜末、葱末爆香。

3 放入四季豆、榄菜，翻炒均匀。

4 加盐、味精、料酒调味，翻炒至入味，出锅盛入盘中，摆好盘即成。

松仁荷兰豆

 烹饪时间
2分钟

原料

松仁30克，荷兰豆250克，红椒、葱各20克，蒜少许

调料

盐3克，味精2克，白糖、食用油各适量

做法

1 荷兰豆去筋洗净，切丝；蒜去皮洗净，切末；红椒洗净，去籽切丝；葱洗净切段。

2 锅中注入食用油，烧热，倒入松仁，炸至米黄色后捞出。

3 锅底留油，入蒜末、红椒丝、葱末煸香，倒入荷兰豆丝、盐、味精、白糖，炒匀。

4 将炒好的荷兰豆盛出装盘，放上炸好的松仁即成。

 小贴士

荷兰豆若炒太久会影响其脆嫩口感。

素炒杂菌

 烹饪时间
2分钟

原料

白玉菇80克，金针菇100克，香菇、鸡腿菇片各60克，草菇片少许，蒜苗20克

调料

盐、味精、白糖、料酒、鸡粉、水淀粉、食用油各适量

小贴士

不宜加太多的盐和味精，会失去菌类本身的鲜味。

做法

1 金针菇、白玉菇分别切去根部；香菇切去蒂，切成片；蒜苗切段。

2 锅中注水，加盐、鸡粉、食用油煮沸，倒入鸡腿菇、草菇、香菇煮沸，加白玉菇焯煮，捞出食材。

3 另起锅，注油烧热，放入蒜苗梗煸香，倒入草菇、鸡腿菇、香菇和白玉菇，淋入少许料酒，加盐、味精、白糖和鸡粉。

4 再倒入金针菇，翻炒至熟，倒入蒜苗叶，加少许水淀粉勾芡，淋入少许熟油拌匀，盛入盘中即成。

鲍汁草菇

原料

草菇100克，鲍汁30毫升，上海青150克，葱段15克，姜片20克

调料

盐、鸡粉、白糖、老抽、料酒、水淀粉、食用油各适量

做法

1 上海青去除老叶，留菜梗；草菇对半切开。锅中注入适量清水，倒入少许食用油，加入盐，煮至沸后倒入上海青，焯熟后捞出，摆入盘中备用。

2 倒入草菇焯至熟，捞出后沥干备用。

3 炒锅注油烧热，倒入葱段、姜片爆香，倒入焯过的草菇，淋入料酒提鲜。

4 倒入鲍汁，加入少许清水拌匀，煮约1分钟至入味，加盐、鸡粉、白糖，再淋入老抽炒匀。

5 加入水淀粉勾芡，淋入熟油炒匀，用筷子挑去葱段、姜片，盛在上海青上即成。

芝士焗香菇

烹饪时间 20分钟

原料

鲜香菇200克，猪肉馅110克，黄油35克，马苏里拉芝士丝、洋葱各40克，去皮胡萝卜100克，芹菜20克

调料

盐、胡椒粉各3克，料酒3毫升，食用油适量

做法

1 洗净的胡萝卜切片；洗净的洋葱、芹菜分别切碎；把洗净的香菇去蒂，待用。

2 热锅放入黄油，炒至溶化，放入洋葱，爆香。

3 放入猪肉馅，炒香，注入料酒、盐、胡椒粉，炒匀，捞入备好的碗中，待用。

4 烤盘上铺上锡纸，刷上一层油，放入胡萝卜。

5 胡萝卜上放香菇、猪肉、芹菜、马苏里拉芝士丝。

6 将烤盘放入烤箱，关闭烤箱门，温度设置为200℃，调上下火加热，烤15分钟，待时间到，打开烤箱，取出烤盘，将食材放入备好的盘中即可。

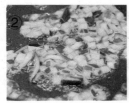

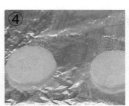

浓汤竹荪扒金针菇

烹饪时间
2 分钟

原料

水发竹荪20克，金针菇230克，菜心180克，浓汤200毫升

调料

盐2克，水淀粉4毫升，食用油适量

做法

1 洗净的金针菇切去根部；摘洗好的菜心切去根部。

2 锅中注水烧开，加盐、食用油，倒入菜心，氽煮后捞出。

3 倒入竹荪，氽片刻，捞出，沥干水分。

4 倒入金针菇，氽至软，捞出，沥干待用。

5 取1个盘，摆上菜心、金针菇、竹荪。

6 热锅中倒入浓汤，加盐、水淀粉、食用油，搅匀，浇在竹荪上即可。

小贴士

氽竹荪时可以加入适量食用油，有利于保持其本身的鲜味。

普宁炸豆腐

烹饪时间
12分钟

原料

老豆腐400克，韭菜3根

调料

食用油2毫升，盐2克

做法

1 韭菜去根，洗净切成细末；老豆腐切成三角块。

2 锅中注入食用油烧至六成热，放入老豆腐块，开大火油炸10分钟。

3 待老豆腐呈微黄色，用长筷将粘连的豆腐分开，捞起，用厨房纸吸干余油。

4 取一空碗，加入韭菜末和盐，注入半碗凉开水调匀，做成蘸料。

5 取一小蘸碟，盛入适量韭菜盐水。

6 将炸豆腐摆于蘸碟旁，吃时蘸上韭菜盐水即可。

小贴士

豆腐放入油中后，即使粘锅也不能过早翻动，否则豆腐会碎掉。应待豆腐炸至微黄稍硬，才可轻轻翻动。

虾酱焖豆腐

 烹饪时间
4分钟

原料

豆腐500克，虾酱15克，姜片、蒜末、葱段各少许

调料

鸡粉3克，盐2克，生抽4毫升，老抽3毫升，水淀粉、食用油各适量

 小贴士

炸豆腐前，撒上生粉更香。

做法

1. 把洗净的豆腐切成长方块，放入油锅中，用中小火炸约3分钟成金黄色，将炸好的豆腐捞出待用。
2. 锅留底油，放入姜片、蒜末爆香，再加入适量虾酱，拌炒香。
3. 注入清水，加入鸡粉、盐，淋入少许生抽、老抽，拌匀煮沸。
4. 把炸好的豆腐放入锅中，煮约1分钟至入味，待汤汁收浓，倒入水淀粉。
5. 撒上少许葱段，将锅中食材炒匀，盛出装盘即成。

素烩腐竹

烹饪时间
3.5 分钟

原料

泡发腐竹160克，香菇80克，西芹40克，高汤适量，胡萝卜、姜、葱段各少许

调料

盐3克，鸡粉2克，味精、食用油各适量

做法

1 将食材洗净。腐竹切成段；胡萝卜切花刀，再切成片；香菇斜刀切块；西芹切成段；姜切成片。
2 锅中注水，倒入香菇、胡萝卜片、腐竹、姜片。
3 加入适量盐、味精、鸡粉，拌匀调味。
4 加入西芹，拌匀，略煮片刻。
5 倒入高汤，撒入葱段，拌匀。
6 将煮好的材料盛出装碗即可。

煎酿豆腐

烹饪时间
9分钟

原料

嫩豆腐600克，瘦肉100克，菠菜100克，葱白、葱花各少许

调料

盐3克，水淀粉10毫升，生粉、鸡粉、生抽、老抽、胡椒粉、食用油各适量

做法

1 豆腐切块；葱白切末；瘦肉切末，放入鸡粉、葱白末、盐，搅拌均匀，腌渍10分钟。

2 用小勺在豆腐块上挖孔，撒盐，将瘦肉末放进去。

3 清水烧开后，加食用油、盐、菠菜，煮1分钟，捞出，铺在盘中。

4 用油起锅，放入豆腐，肉末一面朝下，加盐，煎2分钟至金黄色，翻面，大火煎1分钟，倒清水，改小火，煮片刻。

5 加入生抽、老抽、鸡粉、胡椒粉，煮2分钟至入味，将豆腐盛出装盘，锅中原汤汁加水淀粉勾芡，制成稠汁，将稠汁浇在豆腐块上，撒上葱花即成。

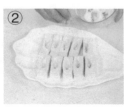

煎酿三宝

烹饪时间 10分钟

原料

苦瓜150克，茄子100克，青椒80克，肉末100克，蒜末、葱花各少许

调料

盐5克，水淀粉10毫升，鸡粉3克，老抽3毫升，味精1克，白糖2克，生抽、生粉、料酒、食用碱、芝麻油、蚝油、食用油各适量

做法

1. 茄子切双飞片；苦瓜切棋子状；青椒对半切，去除籽。

2. 肉末加鸡粉、盐、生抽，充分拌匀，将调好味的肉末拍打至起浆，撒入生粉继续拍打，淋入少许芝麻油拌匀。

3. 锅中注水烧开，放入食用碱、苦瓜焯熟，捞出备用。

4. 茄片、苦瓜、青椒片分别撒上生粉，酿入肉末。

5. 锅中注油烧至五成热，放入酿茄子，炸约1分钟至熟透，捞出；放入酿青椒，慢火煎至肉末熟透，盛出；放入酿苦瓜，慢火煎至金黄色，翻面，再煎至金黄色。

6. 加蒜末、清水、料酒煮沸，加鸡粉、老抽、蚝油炒匀。

7. 放入酿茄子、酿青椒，加盐、味精、白糖，盛出装盘。

8. 原汁加水淀粉、熟油，浇汁在三宝上，撒上葱花即成。

小贴士

苦瓜焯水时加食用碱可保持苦瓜的颜色。

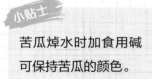

酿苦瓜

🍲 烹饪时间
28 分钟

（原料）

肉末200克，苦瓜1根（250克），香菇、水发黑木耳各50克，虾皮25克，生粉30克，葱花、蒜末各少许

（调料）

盐、鸡粉各2克，水淀粉、料酒各5毫升，食用油适量

（做法）

1 洗净的苦瓜切均等小段，去瓤，制成苦瓜圈；洗好的香菇剁碎；黑木耳剁碎。

2 肉末装入大碗，放入香菇碎、虾皮、黑木耳碎、蒜末、葱花。

3 放入盐、鸡粉、料酒，拌匀，腌渍5分钟至入味。

4 将腌好的馅料填入苦瓜圈中，撒上生粉。

5 电蒸锅中注水烧开，放入填满馅料的苦瓜生坯，蒸20分钟至熟软，取出蒸好的酿苦瓜，待用。

6 热锅中注入少许清水，加入盐、鸡粉，煮至沸，放入水淀粉，搅匀，淋入食用油，搅匀至酱汁油亮，浇在酿苦瓜上即可。

 小贴士

苦瓜焯水后过凉水，可稳定苦瓜的绿色。

梅菜蒸肉饼

 烹饪时间
30分钟

原料

五花肉100克，梅菜30克，姜10克，葱花少许

调料

蚝油5克，生抽3毫升，水淀粉4毫升

做法

1 把五花肉剁成肉泥；梅菜剁碎；姜剁碎。

2 五花肉泥中加入适量蚝油、生抽、水淀粉，拌匀，备用。

3 将梅菜碎、姜碎与五花肉混合均匀，平铺在盘中。

4 放入烧开的蒸锅中，蒸约20分钟，取出，撒上葱花即可。

小贴士

若不喜欢太咸的梅菜，可提前用清水浸泡1小时。

梅菜扣肉

原料

五花肉450克，梅干菜250克，南腐乳15克，蒜末、葱末、姜末各10克，八角末、五香粉各少许

调料

盐3克，水淀粉10毫升，白糖、老抽、味精、白酒、糖色、食用油各适量

做法

1 锅中注水烧开，放入洗净的五花肉，汆煮约1分钟，将煮好的五花肉用筷子夹出，用竹签在肉皮上扎孔。

2 五花肉均匀地抹上糖色；洗净的梅干菜切碎末。

3 锅中注油烧热，放入五花肉，炸至肉皮呈深红色，捞出五花肉，放入清水中浸泡片刻，沥干水分，切成片。

4 锅中下入蒜末、梅干菜，加盐、白糖，炒入味，盛出。

5 用油起锅，放蒜末、葱末、姜末、八角末、五香粉、南腐乳，放五花肉、白糖、味精、老抽、白酒、清水，煮沸。

6 将五花肉整齐码入小碗内，取部分梅干菜夹在肉片之间，剩余梅干菜铺在肉片上，淋入锅中的汤汁。

7 将碗放入蒸锅，蒸2小时，端出五花肉，倒扣在盘中。

8 锅中注油，倒入南乳汤汁、老抽，拌匀，加水淀粉，制成稠汁，将锅中稠汁浇在五花肉上即成。

小贴士

切五花肉时，要切成厚度相同的肉片。

咸鱼蒸肉饼

烹饪时间
14分钟

原料

咸鱼50克，猪肉馅150克，姜茸8克，葱花2克

调料

胡椒粉1克，生抽5毫升，干淀粉8克，食用油适量

做法

1 咸鱼去掉鱼骨，取肉切碎。

2 用油起锅，倒入咸鱼碎，翻炒2分钟至咸鱼焦香，盛出待用。

3 将猪肉馅装碗，倒入炒好的咸鱼碎，放入姜茸，加入胡椒粉、生抽、干淀粉，搅拌均匀。

4 将拌好的馅料装盘，铺整齐。

5 取出已烧开上气的电蒸锅，放入拌好的馅料。

6 蒸10分钟至熟，取出肉饼，撒上葱花即可。

小贴士

拌馅料时可加入蛋清，蒸出来的肉饼口感会更好。

咸蛋蒸肉饼

烹饪时间 12分钟

原料

五花肉400克，咸鸭蛋1个，葱花10克

调料

盐、鸡粉、味精、生抽、生粉、芝麻油、食用油各适量

做法

1 洗净的五花肉剁成肉末后放在盘中，加入盐、鸡粉、味精拌匀，淋上少许生抽拌匀，拍打至起浆，撒上生粉、芝麻油，拌至起胶。

2 把肉末放入盘内，铺展成饼状，咸鸭蛋打入肉饼中间，使蛋白铺匀。

3 把蛋黄用刀背轻轻压平，搁置在盘中间，稍稍压紧实。

4 将盘子放入蒸锅，用中火蒸10分钟左右至熟。

5 取出蒸好的肉饼，撒上葱花，淋上熟油，摆好盘即成。

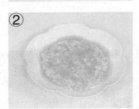

小贴士

烹饪此菜时，肉末一定要打起胶，口感才会脆爽。

秘制叉烧肉

 烹饪时间 61 分钟

原料

五花肉300克，姜片5克，蒜片5克

调料

叉烧酱5克，白糖4克，生抽4毫升，食用油适量

做法

1 洗净的五花肉装碗，倒入叉烧酱、白糖、生抽，拌匀，腌渍2小时至入味。

2 取出电饭锅，打开盖子，待通电后，倒入腌好的五花肉。

3 放入姜片和蒜片，加入食用油，搅拌均匀。

4 盖上盖子，按下"功能"键，调至"蒸煮"状态，煮1小时成叉烧肉即可。

菠萝咕噜肉

🍲 烹饪时间
5分钟

原料

菠萝肉150克，五花肉200克，鸡蛋1个，青椒、红椒各15克，葱白少许

调料

盐、生粉各3克，白糖12克，番茄酱20克，白醋10毫升，食用油适量

做法

1 洗净的红椒、青椒分别切开，去籽，切成片；菠萝肉切成块；五花肉切成块。

2 鸡蛋去蛋清，取蛋黄，盛入碗中。

3 锅中加约500毫升清水烧开，倒入五花肉，汆至转色，捞出。

4 五花肉加白糖、盐、蛋黄，拌匀，加生粉裹匀后分块夹出装盘。

5 热锅注油，烧至六成熟，放入五花肉，翻动几下，炸约2分钟至熟透，捞出。

6 用油起锅，爆香葱白，倒入青椒片、红椒片、菠萝，炒匀，加入白糖，炒至溶化，再加入番茄酱，炒匀。

7 倒入五花肉、白醋，拌炒匀，盛出即可。

小贴士

炸好的五花肉下锅要快速拌炒，以免酥脆感消失。

春笋叉烧肉炒蛋

烹饪时间
2.5分钟

原料

竹笋130克，彩椒12克，叉烧肉55克，鸡蛋2个

调料

盐2克，鸡粉2克，料酒3毫升，水淀粉、食用油各适量

做法

1 彩椒切成小块，竹笋切成丁，叉烧肉切小块。

2 锅中注入适量清水烧开，倒入竹笋丁，淋入少许料酒，煮约4分钟，去除涩味。

3 再放入彩椒丁，加入少许盐、食用油，用大火略煮，至食材断生后捞出，沥干水分，待用。

4 把鸡蛋打入碗中，加入少许盐、鸡粉，搅散，再倒入适量水淀粉，快速搅拌匀，制成蛋液，待用。

5 用油起锅，倒入焯过水的食材，加入少许盐，倒入叉烧肉，转中火，快速炒干水汽，盛出待用。

6 另起锅，注入食用油烧热，倒入蛋液，放入炒好的食材，用中火炒至食材熟透，盛出，装盘即可。

广式脆皮烧肉

烹饪时间
20 分钟

原料

带皮五花肉250克，葱段5克，姜5克，小苏打粉7克，八角适量

调料

盐3克，白糖3克，五香粉3克，料酒3毫升，生抽3毫升，老抽3毫升

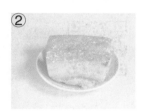

做法

1 锅中注入适量清水烧开，放入五花肉、八角、葱段、姜，搅匀，淋入适量料酒，煮沸，汆去血水，捞出，沥干水分，待用。

2 在猪皮上戳数个小孔，放入盐、小苏打粉，把它们均匀地抹在猪皮上。

3 将五花肉切开，但不切断，装入碗中，淋入料酒、生抽、老抽、白糖、五香粉，搅拌匀，腌渍2小时。

4 烤盘上铺上锡纸，放上五花肉，淋上酱汁，放入烤箱中。

5 将温度调为230℃，选择上下火加热，烤20分钟。

6 取出烤盘，将烤好的肉装入盘中即可。

小贴士

将五花肉加酱料腌渍入味后再烤制，味道更香。

豉汁排骨

烹饪时间
18分钟

原料

排骨300克，豆豉酱60克

调料

盐、白糖各2克，生抽2毫升，蚝油、生粉各适量

做法

1 将斩好的排骨装入碗中，加入盐、白糖、味精、鸡精、料酒，腌至入味。

2 锅中注油烧热，倒入姜末、蒜末、葱末、豆豉末，炒出香味，转小火，淋入老抽、生抽，注入清水，加盐、白糖、味精、柱候酱，炒至入味。

3 淋芝麻油，成豉汁，撒在排骨上，放生粉，拌匀。

4 放入少许芝麻油，拌至入味，将拌好的排骨摆在另一盘中。

5 放入蒸锅，用中火蒸约15分钟至熟透，取出蒸好的排骨，撒上葱叶，浇入少许热油即成。

小贴士

排骨在烹饪前可以先氽水。

酸甜排骨

🍲 烹饪时间
3分钟

原料

排骨350克，青椒20克，鸡蛋1个，面粉、葱白、蒜末各少许

调料

盐3克，白醋、白糖、番茄酱、水淀粉、食用油各适量

做法

1 洗净的青椒切块；洗净的排骨斩成段；鸡蛋打入碗中，搅散。

2 排骨放入碗中，加盐、蛋液拌匀。

3 将沾有蛋液的排骨放进面粉里滚一圈。

4 热锅注油，烧至六成热，放入排骨段，炸约1分钟，捞出。

5 锅底留油，倒入蒜末、葱白、青椒炒香，加20毫升清水、适量白醋、白糖、番茄酱、盐炒匀。

6 加水淀粉勾芡，倒入排骨段，再加少许熟油炒匀，盛出装盘即可。

小贴士

倒入排骨后，要不停翻炒以免煳锅，且烹饪时间不宜过久。调味要准确，糖醋比例可根据个人的口味调整，但也要甜酸适口。

蒜香排骨

烹饪时间
5分钟

原料

排骨700克，蒜末10克，糯米粉35克，吉士粉5克，嫩肉粉6克，芝麻酱5克

调料

盐4克，白糖3克，生抽、食用油各适量

做法

1 洗净的排骨斩成约5厘米长的段，用刀将斩好的排骨修整齐。

2 将排骨装入碗中，加嫩肉粉抓匀，腌渍15分钟，用清水冲洗干净，把洗好的排骨放在干净的毛巾上，吸干水分。

3 将排骨装入盘中，倒入蒜末，加盐、白糖、生抽，再放入吉士粉、芝麻酱，拌匀。

4 倒入糯米粉拌匀，使排骨均匀地裹上糯米粉。

5 锅中注入食用油，烧至五成热，倒入排骨，小火炸约3分钟。

6 用锅铲搅匀，使排骨均匀受热，升高油温再炸约1分钟，捞出排骨，装入盘中即可。

小贴士

用嫩肉粉腌渍排骨时，嫩肉粉不宜放太多。

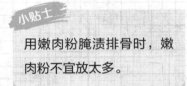

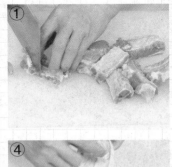

蜜汁烤排骨

烹饪时间
24分钟

原料

排骨600克，姜片20克

调料

盐4克，蜂蜜50克，麦芽糖40克，嫩肉粉、生粉、料酒、老抽、食用油各适量

做法

1 将洗净的排骨斩成约4厘米长的段，碗中放入排骨，加入少许嫩肉粉，拌匀，腌渍约10分钟。

2 倒入适量清水，将排骨洗净，沥干水分，加入少许老抽、盐、料酒、生粉，拌匀，腌渍10分钟。

3 热锅注油，烧至六成热，放入腌好的排骨，炸约2分钟至变色，捞出沥油备用。

4 用油起锅，放入姜片爆香，注入适量清水，加入蜂蜜、麦芽糖，搅匀。

5 倒入排骨，大火烧开，转用小火焖20分钟，加少许老抽、盐，拌匀。

6 用中火焖煮片刻至汤汁浓稠，大火翻炒至汁水收浓，盛出排骨摆好盘，浇上锅中的糖汁即成。

小贴士

蜂蜜和麦芽糖可依个人口味适量添加。

白云猪手

原料

猪手2只，仔姜1块，红辣椒少许

调料

白醋1000毫升，冰糖、米酒各适量，盐少许

做法

1 将猪手上的猪毛清理干净，切成小块；姜削去皮切片，红辣椒切丝，用盐腌半小时，沥干水分备用。

2 将水和冰糖放入锅中煮溶，再加入醋和盐离火放凉，制成糖醋汁。

3 猪手洗净，放入加入米酒的沸水煲20分钟取出，用冷水冲干净，放入冰块中，再加入足量冷水，将猪手完全浸没，冰镇约1小时。

4 将冰镇过的猪手和子姜、红辣椒丝一同放入制好的糖醋汁中浸泡6小时以上，捞出装盘即可。

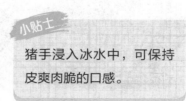

小贴士

猪手浸入冰水中，可保持皮爽肉脆的口感。

沙姜猪手

原料

猪手1只，洋葱半个，沙姜80克，姜3片，香菜适量，葱少许

调料

生抽6毫升，料酒3毫升，盐适量

做法

1 将猪手上的猪毛清理干净，切成小块，放入沸水锅中，加入姜片、料酒，汆去脏污，捞出备用。

2 锅中注水，放入猪手、姜片、葱、盐，拍1块沙姜放下去一起煮半个小时，捞出。

3 煮好的猪手用冷水冲干净，放入冰块中，加入冷水，将猪手完全浸没，冰镇20分钟。

4 剩余的沙姜拍扁切碎；洋葱切小块。

5 热锅注油，将沙姜炒香，添入刚刚煮猪手的汤，放入生抽、盐，倒入洋葱，炒2分钟。

6 将炒好的沙姜酱汁淋在猪蹄上，再点缀上香菜即可。

小贴士

煮猪蹄的原汤可备着制作沙姜汁使用。

韭菜猪红

烹饪时间
13分钟

原料

猪红300克，韭菜1小把，姜、葱各少许

调料

料酒5毫升，盐2克，高汤适量，胡椒粉少许

做法

1 韭菜切段；葱切花；姜切丝；猪红洗净，切成方块。

2 热锅注油，爆香姜丝，放入高汤煮沸，加入猪红、料酒，焖10分钟。

3 加入韭菜，稍微翻炒一下，加入盐拌匀。

4 待韭菜熟后，盛出装盘，放上葱花，食用时撒上少许胡椒粉即可。

小贴士

待猪红熟透之后再加入韭菜，否则韭菜容易过老。

沙姜猪肚丝

烹饪时间
2分钟

原料

熟猪肚250克，红椒15克，香菜10克，沙姜20克

调料

盐3克，鸡粉、生抽、芝麻油各适量

做法

1. 沙姜去皮，剁成姜末；香菜洗净，切成小段；红椒切成丝。
2. 熟猪肚切成丝，装入碗中备用。
3. 肚丝中加入切好的香菜、红椒丝、沙姜末。
4. 放入盐、鸡粉、生抽、芝麻油。
5. 用筷子将碗中的材料搅拌匀，使其入味。
6. 最后将拌好的猪肚装入盘中即可享用。

小贴士

熟猪肚事先放入冷水中浸泡，可增加爽脆口感。

①

③

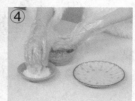
④

⑤

蒸糯米肉丸

烹饪时间
37分钟

原料

水发糯米100克，肉馅150克，蛋清20克，姜末、蒜末各10克

调料

生抽、料酒各5毫升，盐、鸡粉各2克，干淀粉8克，胡椒粉1克

做法

1 备好1个大碗，倒入肉馅、蒜末、姜末。
2 加入料酒、胡椒粉、生抽、盐、蛋清，搅拌匀。
3 倒入干淀粉，搅拌片刻至起浆。
4 将肉馅制成肉丸，再均匀地裹上糯米，将剩余的肉馅依次制成糯米肉丸。
5 备好电蒸锅烧开，放入肉丸，蒸35分钟。
6 将蒸好的肉丸取出即可。

小贴士

糯米可用温水泡发，能减短泡发时间。

芥蓝炒牛肉

烹饪时间
2分钟

原料

芥蓝200克，牛肉150克，姜片、葱白、蒜末、红椒片各少许

调料

盐3克，味精、生抽、白糖、蚝油、料酒、水淀粉各适量

小贴士

加糖可去除芥蓝的苦涩味。

做法

1 芥蓝切段；牛肉切片，加盐、生抽、水淀粉、食用油腌渍10分钟。
2 锅中倒入清水烧开，加食用油、盐煮沸，分别倒入芥蓝与牛肉，焯至断生后捞出。
3 热锅注油烧至四成热，倒入牛肉，滑油片刻捞出。
4 锅留底油，倒入蒜末、姜片、葱白、红椒爆香，倒入芥蓝炒匀，加料酒炒香。
5 放入牛肉，翻炒片刻至熟透，加蚝油、盐、味精、白糖调味，用水淀粉勾芡，淋入熟油拌匀即成。

沙茶牛肉

烹饪时间 4分钟

原料

牛肉450克，洋葱50克，青椒、红椒、蒜末、青椒末、红椒末各少许，沙茶酱25克

调料

盐、白糖、味精、蚝油、食粉、生抽、水淀粉、食用油各适量

做法

1 青椒、红椒均切成片；洋葱切片；牛肉切片。

2 牛肉片加食粉、生抽、盐、味精、水淀粉、食用油，拌匀，腌渍10分钟。

3 热锅注油，烧至四成热，放入牛肉，滑油片刻，捞出备用。

4 锅底留油烧热，放入蒜末、青椒末、红椒末爆香，再倒入青椒片、红椒片和洋葱片炒匀。

5 倒入牛肉，放入沙茶酱炒匀，加盐、白糖、味精、蚝油调味，翻炒至熟透，加入水淀粉勾芡，翻炒均匀，出锅装盘即成。

黑椒牛柳

原料

牛肉450克，洋葱30克，洋葱末、青椒末、红椒末、黑胡椒各少许

调料

生抽4毫升，老抽4毫升，蚝油4克，料酒4毫升，白糖3克，盐、味精、食粉、水淀粉、食用油各适量

做法

1 洋葱切细丝；牛肉用刀背拍松，切成牛柳条。

2 牛肉中加少许食粉、盐、味精、生抽、少许清水、水淀粉，搅至起浆，倒少许食用油腌渍入味。

3 热锅注油，烧至五六成热，倒入洋葱，滑油至熟，捞出，垫在盘中备用。

4 锅中再倒入牛肉，滑油片刻，捞出，沥油备用。

5 热锅注油，倒入洋葱末、青椒末、红椒末、黑胡椒，大火爆香，倒入牛柳、料酒，转中火，加盐、蚝油、白糖、味精，滴上少许老抽，炒匀上色。

6 加入少许水淀粉勾芡，翻炒至牛柳熟透，出锅盛入盘中即成。

土豆炖牛腩

烹饪时间 17分钟

原料

熟牛腩100克，土豆120克，红椒30克，蒜末、姜片、葱段各少许

调料

盐3克，鸡粉2克，料酒4毫升，豆瓣酱10克，生抽10毫升，水淀粉4毫升，食用油适量

做法

1 土豆切成丁；红椒切小块；熟牛腩切块。

2 用油起锅，倒入姜片、蒜末、葱段，爆香，放入切好的牛腩，炒匀。

3 加入料酒、豆瓣酱，炒匀，放入生抽，炒匀提味。

4 锅中加入适量清水，倒入土豆丁，加入适量盐、鸡粉，炒匀调味，用小火炖15分钟。

5 放入红椒块，翻炒匀，倒入适量水淀粉，快速翻炒均匀。

6 关火后盛出锅中的食材，装入盘中即可。

小贴士

牛腩炖煮后会缩小，所以切块时可切得稍大一些。

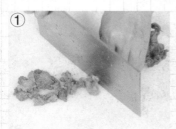

萝卜牛腩煲

原料

去皮白萝卜155克，牛腩230克，八角2个，香菜、葱段、姜片各少许

调料

盐、鸡粉、胡椒粉各1克，料酒、生抽各5毫升，食用油适量

做法

1 白萝卜切成块；牛腩切块。

2 沸水锅中倒入切好的牛腩，余烫2分钟至去除血水和脏污，捞出，沥干水分，装盘待用。

3 用油起锅，倒入八角、葱段、姜片，爆香，放入余烫好的牛腩，加入料酒、生抽，翻炒均匀。

4 注入适量清水至没过牛腩，用大火煮开后转小火焖1小时至牛腩熟软。

5 倒入切好的白萝卜，将食材转到砂锅中，盖上盖，续焖30分钟至食材熟软入味。

6 揭开盖，加入盐、鸡粉，搅匀调味，撒入胡椒粉，搅匀，关火后，撒上洗净的香菜即可。

小贴士

白萝卜和牛腩经过长时间的焖煮，汤汁已有鲜味，可不放鸡粉。

腐竹焖牛腩

烹饪时间
4分钟

原料

熟牛腩250克，水发腐竹100克，葱段、姜片、干辣椒、牛腩原汤各少许

调料

料酒3毫升，盐3克，蚝油3克，味精2克，白糖2克，豆瓣酱、水淀粉、芝麻油、食用油各适量

做法

1 将洗净的腐竹切成段；熟牛腩切成块。

2 热锅注油，放入葱段、姜片、干辣椒爆香，放入豆瓣酱，煸炒香。

3 倒入牛腩、腐竹，淋入少许料酒，拌炒均匀。

4 注入牛腩原汤，大火煮沸，转小火，加入适量盐、白糖、蚝油、味精调味。

5 加入适量水淀粉勾芡，淋入少许芝麻油，拌炒匀。

6 将炒好的材料转入砂煲中，砂煲置于火上，煮沸后撒上葱段，即成。

和味牛杂

烹饪时间
23分钟

原料

牛腩、牛肚、牛筋、牛心各30克，姜适量，花椒粒、桂皮各少许，八角3个

调料

盐适量，生抽3毫升，老抽5毫升，白糖2克

做法

1 将牛腩、牛肚、牛筋、牛心处理干净，切成小段；姜切片。

2 沸水锅中放入姜片，倒入切好的牛腩、牛肚、牛筋、牛心。

3 将八角、花椒、桂皮放入锅中，调入生抽、老抽、少许盐。

4 用中火炖煮20分钟，调入少许白糖，再转小火煮1分钟即可。食用时蘸取沙茶酱味道会更鲜美。

小贴士

放入少许糖，可吊出牛杂的鲜味。

沙茶潮汕牛肉丸

烹饪时间
13分钟

原料

生菜220克，汕头牛肉丸350克，芹菜4根

调料

蚝油、沙茶酱、辣椒酱各10克，食用油适量

做法

1 牛肉丸对半切开，打上十字花刀，备用。

2 芹菜择去叶，留芹菜根，切碎，装盘待用。

3 洗净的生菜摘成一片一片，叠放成1个圆圈。

4 炒锅注油烧热，倒入切好的牛肉丸，调成小火，不停搅动，炸至焦黄色、表面酥脆，捞出，放到铺好生菜的盘子里。

5 另起锅注入食用油，倒入辣椒酱，搅散，倒入沙茶酱，搅拌均匀，倒入蚝油，拌匀。

6 注入适量清水，搅拌，煮至沸，倒入芹菜粒，搅拌一会儿，将酱汁盛出，浇在炸好的牛肉丸上即可。

小贴士

炸牛肉丸时注意火候，避免炸焦。

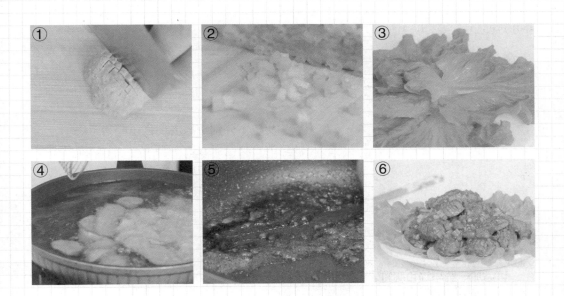

羊腩煲

原料

羊腩400克，土豆50克，胡萝卜80克，葱、姜、蒜各适量

调料

柱候酱20克，南乳5克，腐乳5克，盐2克，糖5克

做法

1 羊腩切小块，放入烧开的热水中，氽去血水，捞出备用。

2 葱切段；姜切片；蒜去皮。用油起锅，放入葱段、姜片、蒜瓣，爆香。

3 将羊腩放入锅中，加柱候酱、南乳、腐乳、盐、糖，炒匀。

4 土豆、胡萝卜分别洗净去皮，切成滚刀块。

5 将炒匀的食材与土豆、胡萝卜一同转入砂锅中，加入适量清水，用中火炖25分钟。

6 待烧开后，转小火再炖10分钟即可。

可添加一些马蹄和腐竹，会更美味哦~

贵妃白切鸡

烹饪时间
217分钟

原料

鸡肉500克，葱花、姜末各少许，干沙姜、甘草、香草、八角、香叶、草果各适量，猪骨头250克，大葱段、姜片、虾米各15克，洋葱丝、大蒜、水发干贝各20克，金华火腿条30克

调料

盐、鸡粉各3克，生抽10毫升，食用油适量

做法

1 沸水锅中倒入虾米、干贝，余片刻，捞出；再倒入猪骨头，余去血水，捞出。

2 热油锅中倒入姜片、大蒜、洋葱丝、大葱段，爆香，放入干沙姜、甘草、八角、香叶、草果、清水、香草、金华火腿条、猪骨头、虾米、干贝，拌匀，焖2小时。

3 加入盐、鸡粉，拌匀，续煮5分钟，关火后将煮好的卤水盛入砂锅中；鸡肉放入沸水锅中煮20分钟。

4 煮好的鸡肉放入卤水中，煮10分钟，关火，让食材浸泡1个小时；取出鸡肉，切成小块，摆盘待用。

5 碗中倒入葱花、姜末、烧好的热油、生抽，搅拌片刻，制成调味汁，食用鸡肉时蘸取即可。

酱油鸡

![烹饪时间] 烹饪时间
30分钟

原料

鸡450克，红椒粒、姜末、葱花各适量

调料

生抽10毫升，料酒6毫升，胡椒粉、食用油各适量

做法

1 往洗净的鸡身上淋入料酒，加入胡椒粉，将调料里外抹匀，封上保鲜膜。

2 蒸锅中注水烧开，放入抹匀调料的鸡，中火蒸20分钟至熟。

3 用油起锅，放入姜末、葱花、红椒粒，炒出香味，加入生抽，搅匀成酱汁，待用。

4 取出蒸好的鸡，撕开保鲜膜，晾凉待用。

5 将晾凉的鸡斩成块。

6 斩好的鸡肉装盘，浇上酱汁即可。

小贴士

蒸好的鸡肉有许多鸡汁，可以将它与酱汁混合，味道鲜美。

盐焗鸡

 烹饪时间
25 分钟

原料

净鸡肉1200克，葱段、姜片、八角各少许

调料

盐焗鸡粉、盐、味精、鸡精、粗盐、芝麻油、食用油各适量

小贴士

整鸡要切去爪尖。

做法

1 将盐焗鸡粉、盐、味精、鸡精拌成鸡粉；把整鸡放入容器中，鸡腹内塞入姜片，撒入鸡粉，抹匀。

2 把余下的姜片、八角、葱段放入鸡腹，弯曲鸡爪，塞入鸡腹内，撒上余下的鸡粉，抹匀整只鸡，腌片刻后放入砂纸中，裹好。

3 取1张抹过芝麻油的砂纸，覆在鸡肉包上；扎实。

4 粗盐放入锅中炒匀上热，取部分粗盐放入砂锅，再放入鸡肉，盛入剩余粗盐，铺平压实。

5 砂锅置火上，盐焗20分钟；拨开粗盐，拿出鸡肉包，去除砂纸即可。

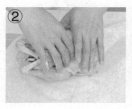

烧春鸡

 **烹饪时间 38 分钟**

原料

春鸡1只，葱段5克，蒜瓣15克，姜片10克

调料

盐3克，柱候酱5克，鸡粉3克，烧烤粉5克，芝麻酱、花生酱各5克，孜然粒3克，烧烤汁5毫升，辣椒油少许

做法

1 将盐、柱候酱、鸡粉、芝麻酱、花生酱、烧烤粉、蒜瓣、姜片、葱段、孜然粒放入洗净的春鸡腹中。

2 在春鸡表面上刷烧烤汁、辣椒油，腌渍2小时，至其入味，放入铺有锡纸的烤盘中，备用。

3 将烤箱温度调成上火250℃、下火250℃，把烤盘放入烤箱，烤15分钟至鸡肉表皮呈金黄色。

4 从烤箱中取出烤盘，把鸡翻面，再放入烤箱，续烤15分钟。

5 从烤箱中取出烤盘，再次翻面，放入烤箱，续烤5分钟至熟。

6 取出烤盘，将烤好的春鸡装入盘中即可。

 小贴士

可用牙签将鸡肚口封住，能使香味更易渗入鸡肉。

荷叶鸡

烹饪时间
12分钟

原料

光鸡450克，红枣4克，生姜片7克，葱花少许，干荷叶3张，枸杞少许

调料

鸡粉、盐、蚝油、料酒、生抽、生粉各适量

做法

1 鸡爪斩去爪尖，鸡肉斩块；洗净的红枣去核切成丝；荷叶洗净，备用。

2 鸡块加鸡粉、盐、蚝油、料酒、生抽、姜片、红枣、枸杞，撒入生粉拌匀。

3 将鸡块放在荷叶上，转到蒸锅中，蒸10分钟。

4 待熟后取出，撒入葱花，淋入熟油即成。

手撕鸡

烹饪时间
20 分钟

原料

三黄鸡半只，炒熟白芝
麻10克

调料

盐焗鸡粉10克，芝麻油
适量

做法

1 把半边鸡洗干净，入锅焯水去掉血水。

2 锅注水，放入鸡肉，煮约15分钟至熟，把鸡捞出，沥
干水后放凉。

3 待放凉后，戴上一次性手套，把鸡肉撕成细丝，封上保
鲜膜放冰箱冷藏半小时左右。

4 取出冷藏好的鸡肉丝，加入盐焗鸡粉、芝麻油拌匀，撒
上芝麻即可。

小贴士

鸡肉入锅焯水应控制在30秒内，不然肉质会变老。

黄花菜蒸滑鸡

 烹饪时间
27分钟

原料

鸡腿260克，水发黄花菜80克，葱花、姜片各3克，葱段5克

调料

盐3克，食用油适量，生抽、料酒各10毫升，蚝油8克，生粉10克

做法

1 黄花菜切段；取一碗，倒入鸡腿、黄花菜，加入料酒、生抽、葱段、姜片、蚝油、盐，拌匀。

2 倒入食用油、加入生粉，拌匀，腌渍20分钟。

3 取一盘，倒入腌好的鸡腿，取电蒸锅，注入适量清水烧开，放入鸡腿。

4 蒸制25分钟，取出蒸好的鸡腿，撒上葱花即可。

 小贴士

鸡腿要提前腌渍，这样可保持肉质的嫩滑。

栗子焖鸡

烹饪时间
15分钟

原料

栗子仁100克，鸡中翅220克，黄酒60毫升，鸡蛋黄1个，生粉30克，葱段、姜片各少许

调料

盐5克，鸡粉、胡椒粉、五香粉各3克，白糖2克，老抽、生抽、水淀粉各5毫升，食用油 适量

做法

1 碗中倒入洗净的鸡中翅，撒上适量的盐、鸡粉，放入胡椒粉、五香粉，淋上生抽，倒入鸡蛋黄，充分拌匀，腌渍10分钟，再倒入生粉，充分拌匀。

2 热锅注入足量油，烧至七成热，放入鸡中翅，油炸至金黄色，再倒入栗子仁，稍微过下热油，将炸好的栗子仁和鸡中翅捞出，沥干油待用。

3 另起锅注油烧热，倒入葱段、姜片，爆香，倒入栗子仁、鸡中翅，淋上黄酒，注入适量清水，放入盐、白糖、老抽，大火煮开后转小火焖5分钟。

4 撒上鸡粉、水淀粉，充分拌匀入味，关火后盛入盘中即可。

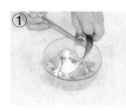   

黄酒煮鸡

烹饪时间
25 分钟

原料

鸡肉块550克，醪糟150克，黄酒300毫升，姜片、葱段各少许

调料

盐、鸡粉各1克，食用油适量

做法

1 沸水锅中倒入洗净的鸡肉块，余烫2分钟至去除血水和脏污，捞出余烫好的鸡肉块，沥干水分，装盘待用。

2 用油起锅，放入姜片爆香。

3 倒入鸡肉块和葱段，稍微炒约2分钟至皮肉收紧。

4 倒入黄酒、醪糟，注入200毫升清水，用大火煮开后转小火煮约20分钟至入味。

5 加入盐、鸡粉，搅匀调味，关火后盛出煮好的鸡，装碗即可。

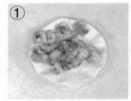   

奇味鸡煲

烹饪时间
8分钟

原料

鸡肉500克，洋葱50克，土豆70克，青椒15克，红椒15克，青蒜苗段20克，蒜末、姜片、葱白各少许

调料

盐、味精、料酒、鸡粉、生抽、老抽、生粉、南乳、芝麻酱、海鲜酱、柱候酱、辣椒酱、五香粉各适量

做法

1 将去皮的土豆切片，洋葱切片，青椒切片，红椒切片。

2 鸡肉斩块，加入盐、味精、料酒、生抽拌匀，再加入生粉拌匀，腌渍10分钟。

3 热锅注油，烧至四成热，倒入鸡块滑油至断生。

4 锅留底油，倒入姜片、蒜末、葱白爆香，倒入洋葱、青红椒、土豆，加入辣椒酱、柱候酱、南乳、芝麻酱、海鲜酱炒匀。

5 倒入鸡块翻炒约1分钟，加少许料酒、老抽、盐、味精、鸡粉调味，倒入少许清水，加入五香粉拌匀。

6 将锅中材料倒入砂煲，加盖小火煲开，撒入洗好的青蒜苗段，端出砂煲即可。

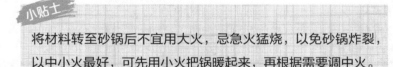

小贴士

将材料转至砂锅后不宜用大火，忌急火猛烧，以免砂锅炸裂，以中小火最好，可先用小火把锅暖起来，再根据需要调中火。

蜜汁烤鸡翅

 烹饪时间
30 分钟

093

原料

鸡翅200克，白兰地10毫升，XO酱30克，孜然粉20克，辣椒粉30克

调料

生抽5毫升，黑胡椒粉4克，盐、鸡粉各适量

①

②

③

④

做法

1 取一盘，倒入处理好的鸡翅，加入盐、鸡粉、辣椒粉、孜然粉、XO酱、生抽、白兰地、黑胡椒粉，抓匀，腌渍2小时至入味。

2 在烤盘内铺好锡纸，放入鸡翅，待用。

3 备好烤箱，放入烤盘，关上箱门，将上下温度均调至160℃。

4 选择"双管发热"图标，定时30分钟至烤熟，将烤盘取出，将烤好的鸡翅装入装饰好的盘中即可。

小贴士

鸡翅上可抹些许柠檬汁，口感会更好。

腰果炒鸡丁

 烹饪时间
5分钟

原料

鸡肉丁250克，腰果80克，青椒丁50克，红椒丁50克，姜末、蒜末各少许

调料

盐3克，干淀粉5克，黑胡椒粉2克，料酒7毫升，食用油10毫升

做法

1 取一碗，加入干淀粉、黑胡椒粉、料酒，拌匀，倒入备好的鸡肉丁，拌匀，腌渍10分钟。
2 热锅注油，放入腰果，小火翻炒至微黄色，将炒好的腰果盛出，装入盘中备用。
3 锅底留油，倒入姜末、蒜末，爆香。
4 放入鸡肉丁，翻炒约2分钟至转色，倒入青椒丁、红椒丁，炒匀。
5 加入盐，炒匀使其入味，倒入腰果，炒匀。
6 关火后将炒好的菜肴盛出，装入盘中即可。

 小贴士

鸡肉提前进行腌渍，可以更好地入味，而且肉质会更嫩。

金针菇木耳蒸鸡腿

 烹饪时间
21 分钟

原料

鸡腿肉块260克，金针菇100克，水发黑木耳50克，葱花3克，蒜片、姜片各8克

调料

盐2克，鸡粉2克，白糖3克，蚝油8克

做法

1 洗净的鸡腿肉加入盐、鸡粉、白糖、蒜片、姜片、蚝油，将鸡腿肉拌匀，腌渍15分钟至入味。

2 往腌好的鸡腿肉中放入泡好的黑木耳，拌匀。

3 将洗净的金针菇平铺在盘子中，放上拌好的鸡腿肉和黑木耳。

4 将食材放入已烧开水的电蒸锅，蒸20分钟至食材熟软，取出金针菇木耳蒸鸡腿，撒上葱花即可。

盐焗凤爪

 烹饪时间
23分钟

原料

鸡爪500克，姜片25克，八角、干沙姜各20克

调料

盐焗鸡粉30克，黄姜粉10克，盐、鸡粉各少许

做法

1 锅中倒入适量清水烧热，放入鸡爪。
2 大火烧开，放入姜片和洗净的八角、干沙姜。
3 加入适量盐、鸡粉。
4 再倒入盐焗鸡粉，搅拌均匀。
5 加入黄姜粉，用锅勺充分拌匀。
6 小火卤制15分钟至入味，捞出鸡爪，摆好盘即可。

小贴士

卤制鸡爪时，盖子盖严实一些，味道会更香。

椒盐鸡脆骨

 烹饪时间 10分钟

原料

鸡脆骨200克，青椒20克，红椒15克，蒜苗25克，花生米20克，蒜末、葱花各少许

调料

料酒6毫升，盐2克，生粉6克，生抽4毫升，五香粉4克，鸡粉2克，胡辣粉3克，芝麻油6毫升，辣椒油5毫升，食用油适量

做法

1 蒜苗切小段；红椒去籽切成块；青椒去籽切成块。

2 锅中注水烧开，倒入鸡脆骨，加入料酒、盐，汆去血水，撇去浮沫，捞出材料，沥干水分。将汆好的鸡脆骨倒入碗中，加入生抽、生粉，拌匀上浆，腌渍约10分钟。

3 热锅注油，烧至五六成热，倒入花生米，拌匀，用中火炸约1分钟，捞出沥油。

4 油锅中再倒入腌好的鸡脆骨，用小火炸约1分钟，捞出沥油。

5 锅底留油烧热，倒入蒜末、青椒、红椒、蒜苗，炒至变软，撒上五香粉，炒匀炒香。

7 倒入炸好的鸡脆骨，加入少许盐、鸡粉、胡辣粉、芝麻油，炒匀调味。

8 浇上少许辣椒油，撒上备好的葱花，炒出葱香味，盛出炒好的菜肴，装入盘中即可。

芋头焖鸭

 烹饪时间
18分钟

原料

芋头250克，鸭肉160克，姜片、蒜末、葱白各少许

调料

盐3克，鸡粉2克，老抽2毫升，南乳8克，料酒5毫升，食用油适量

做法

1 去皮洗净的芋头切成小块；鸭肉斩成小块。

2 热锅注油，烧至五成热，倒入芋头，搅拌匀，滑油1分30秒至断生，捞出备用。

3 锅底留油，倒入鸭肉翻炒均匀，炒至转色出油。

4 下入姜片、蒜末、葱白，炒香，放入老抽、南乳，淋入料酒，翻炒均匀。

5 倒入芋头，注入适量清水，加入盐、鸡粉，拌炒匀，用小火焖15分钟。

6 用大火收汁，拌炒均匀，盛出装盘即可。

 小贴士

芋头入锅后，一定要焖煮熟透，否则其中的黏液会刺激咽喉。

松香鸭粒

 烹饪时间
5分钟

原料

鸭肉150克，豌豆200克，红椒15克，松仁10克，姜片、蒜末、葱白各少许

调料

盐3克，鸡粉2克，生抽3毫升，水淀粉14毫升，料酒、食用油各适量

做法

1 洗净的红椒去籽，切成丁；洗净的鸭肉切成粒。

2 鸭肉粒中加入盐、鸡粉、生抽、料酒、10毫升的水淀粉，拌匀上浆，注入少许食用油，腌渍10分钟。

3 锅中注入清水，大火烧开，放入少许食用油，倒入豌豆，拌煮1分钟至颜色呈深绿色，捞出备用。

4 热锅中注入小半锅油，烧至三成热，放入松仁，炸约半分钟至香脆，捞出备用。

5 锅留底油，放入腌好的鸭肉粒，拌炒至转色，放入红椒、姜片、蒜末、葱白，炒匀、炒香，淋入适量料酒，炒匀提味。

6 倒入豌豆，翻炒匀，加入盐、鸡粉、少许水淀粉，翻炒食材至熟透，盛入盘中，撒上松仁即可。

小贴士

松仁肉质较脆，很容易炸煳，所以将其放入油锅中炸时，最好选用小火炸熟。

香酥卤水鸭

 烹饪时间 **70分钟**

原料

鸭半只（600克），卤料包1个，面粉、生粉各30克，葱段、姜片各少许

调料

盐4克，生抽5毫升，老抽、料酒各3毫升，食用油适量

 小贴士

鸭肉臊味较重，其臊味源自于鸭子尾端两侧的臊豆，卤制时应先将臊豆去掉，以改善菜的口味。

做法

1 洗净的鸭对半切开。

2 用油起锅，放入姜片和葱段，爆香，倒入700毫升清水，放入卤料包，加入料酒、生抽、老抽、2克盐，加入切好的鸭，搅匀。

3 用大火煮开后转小火卤1小时至入味，取出卤好的鸭肉，装盘放凉。

4 取1空碗，放入2克盐，倒入生粉、面粉，分次注入少许清水，边倒边搅匀，制成面糊。

5 放入卤好的鸭肉，裹上面糊。

6 锅中注入足量油，烧至七成热，放入裹上面糊的鸭肉，油炸至外表金黄，捞出炸好的鸭肉，沥干油分，装盘，稍稍放凉，然后斩成块即可。

潮州卤水鸭掌

 烹饪时间
35分钟

原料

鸭掌300克，潮州卤水1000毫升

 小贴士

鸭掌氽水时可加入些许料酒，起到提鲜的作用。

做法

1 锅中注入适量清水烧开，倒入洗净的鸭掌，氽片刻至去除杂质，捞出氽好的鸭掌，沥干水分，装入盘中，待用。

2 将潮州卤水倒入锅中煮沸，放入氽好的鸭掌，拌匀。

3 盖上盖子，用大火煮沸后转小火继续煮10分钟。

4 揭开盖，将鸭掌和卤水盛入碗中，浸泡20分钟至鸭掌入味。

5 将鸭掌夹出，装入盘中，浇上汁即可。

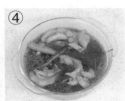

鲍汁扣鹅掌

烹饪时间
10分钟

原料

卤鹅掌150克，西蓝花100克，鲍汁80克

调料

盐、水淀粉各适量

做法

1 锅中加清水，加少许食用油、盐。

2 煮沸后倒入西蓝花，焯煮约1分钟，捞出。

3 炒锅注油，烧热，倒入鲍汁。

4 再倒入卤好的鹅掌，烧煮5分钟至软烂。

5 加入水淀粉，用汤勺拌匀，再淋入少许熟油拌匀。

6 关火，用筷子将鹅掌夹入盘中，再把锅中原汁浇在鹅掌上，再用西蓝花装饰即成。

小贴士

烹饪鹅掌时，先用高压锅将鹅掌压10分钟，可使肉质酥软、爽嫩。

脆皮乳鸽

原料

乳鸽1只，草果、八角、桂皮、香叶、姜片、葱各少许

调料

盐、味精、料酒、红醋、麦芽糖、生粉各适量

小贴士

乳鸽下油锅后，不宜全身浸炸，否则肉质太老，口感欠佳，且乳鸽的肉皮也很容易炸焦，用锅勺持续浇热油的方式最为合适，这样炸出来的乳鸽才酥脆爽口。

做法

1. 锅中加适量清水，放入香料，加盖大火焖煮20分钟，加入葱结、生姜片、适量盐、味精、料酒煮沸，制成白卤水。
2. 将乳鸽放入卤水锅中，加盖浸煮15分钟至熟且入味，取出。
3. 另起锅，倒入适量红醋、麦芽糖拌匀，加适量生粉调成原糊，乳鸽放入锅中，用原糊浇透。
4. 再用竹签穿挂好，风干2小时。
5. 热锅注油，烧至六成热时，放入乳鸽，用锅勺持续淋油约1分钟呈棕红色。
6. 表皮酥脆即可捞出装盘。

红烧卤乳鸽

烹饪时间
10.5 小时

原料

净乳鸽400克，卤料包1袋，姜片、葱结各适量

调料

蜂蜜少许，盐4克，老抽4毫升，料酒6毫升，生抽8毫升，食用油适量

做法

1　锅中注入适量清水烧热，放入卤料包，撒上姜片、葱结，加入少许盐、生抽、料酒，滴上几滴老抽，用大火煮沸后改小火煮约6分钟，至香味浓郁。

2　关火，将卤汁与处理好的乳鸽一起装入碗中，静置约10小时，待用。

3　取腌好的乳鸽，沥干卤水，装盘。

4　抹上备好的蜂蜜，再静置约10分钟，待用。

5　热锅注油烧热，放入腌渍好的卤乳鸽，炸约4分钟，边炸边浇油，至食材熟透。

6　关火后盛出食材，沥干油，食用时斩成小块，摆放在盘中即可。

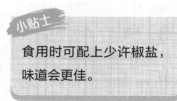

小贴士

食用时可配上少许椒盐，味道会更佳。

干贝蒸水蛋

烹饪时间
25分钟

原料

水发干贝20克，鸡蛋3个，生姜片15克，葱条5克，葱花少许

调料

盐、味精、料酒、胡椒粉、芝麻油各 适量

做法

1 水发干贝加入生姜片、葱条、料酒，放入蒸锅蒸15分钟，蒸熟取出，待冷却后，用刀压碎备用。

2 鸡蛋打入碗内，加适量盐、味精打散，加少许胡椒粉、芝麻油，淋入适量温水调匀。

3 将调好味的蛋液放入蒸锅，加盖蒸8~10分钟至熟。

4 热锅注油，倒入干贝略炸，捞出。

5 取出蒸熟的蛋液。

6 撒上炸好的干贝和少许葱花，浇上少许热油即成。

小贴士

蛋液加温水调匀，不仅能缩短蒸蛋羹的时间，还能使蛋羹的口感更加嫩滑爽口。可用虾米、虾干、鲜虾等代替干贝，制作出多种蒸水蛋。

猪肉蛋羹

 烹饪时间
12分钟

原料

猪瘦肉25克，鸡蛋2个，葱适量

调料

盐、芝麻油各适量

做法

1 将猪瘦肉洗净，剁成肉末。
2 将葱洗净切末。
3 将鸡蛋磕入碗内，搅匀成蛋液。
4 蛋液中加入葱末、猪瘦肉末、盐、适量清水搅匀。
5 入蒸锅小火蒸12分钟。
6 取出，淋上芝麻油即成。

 小贴士

蒸蛋羹的时候切记勿用大火，以免蒸老蛋羹，出现气孔以至于影响口感。

三鲜蒸滑蛋

 烹饪时间
9分钟

原料

鸡蛋2个，虾仁30克，胡萝卜35克，豌豆30克

调料

盐4克，水淀粉10毫升，味精3克，鸡粉6克，胡椒粉、芝麻油、食用油各适量

做法

1 去皮洗净的胡萝卜切成丁；洗净的虾仁切成丁。

2 虾肉加少许盐、味精、水淀粉拌匀，腌渍5分钟。

3 锅中加约800毫升清水烧开，加少许盐，倒入胡萝卜丁，加少许食用油、豌豆，拌匀，煮1分钟；加入虾肉，煮约1分钟，捞出备用。

4 鸡蛋打入碗中，加少许盐、胡椒粉、鸡粉打散调匀，加入适量温水、少许芝麻油调匀。

5 取一碗，放入蒸锅，倒入调好的蛋液，慢火蒸约7分钟，加入拌好的材料，蒸2分钟至熟透。

6 把蒸好的水蛋取出，稍放凉即可食用。

 小贴士

胡萝卜和豌豆不可煮太久，否则会影响其成品的口感。

大良炒牛奶

烹饪时间 5分钟

原料

牛奶150毫升，鸡蛋2个，虾仁35克，北杏仁25克，熟鸡肝40克，火腿15克

调料

盐3克，鸡粉3克，水淀粉3毫升，生粉20克，食用油适量

做法

1 熟鸡肝切丁；火腿切粒；虾仁去除虾线；鸡蛋打开取蛋清，备用。

2 把虾仁装入碗中，加入少许盐、鸡粉，拌匀，倒入适量水淀粉，拌匀。

3 取部分牛奶装入碟中，加入生粉，调匀，把调好的牛奶倒入剩余的牛奶中，淋入蛋清，加入适量盐、鸡粉，调匀。

4 热锅注油，烧至四成热，把杏仁放入油锅中，炸至微黄色，捞出沥油；放入火腿粒，炸出香味，捞出沥油；把鸡肝倒入油锅中，加入虾仁，炸出香味，捞出沥油。

5 锅底留油，倒入调好的牛奶，用小火炒匀。

6 放入炸好的鸡肝和虾仁，翻炒均匀，盛出装盘，撒上杏仁，再放入火腿粒即可。

小贴士

牛奶入锅后，可用锅铲顺1个方向搅动，这样能加速牛奶的凝固。

脆皮炸鲜奶

烹饪时间 3分钟

原料

牛奶300毫升，椰浆120毫升，生粉60克，面粉500克，黄油45克

调料

炼乳15克，白糖35克，吉士粉、食用油各少许

小贴士

炸奶条时一定要用小火，否则容易炸糊。

做法

1. 取1个大碗，倒入少许牛奶、生粉、吉士粉、椰浆、炼乳，拌匀，制成奶浆。

2. 用油起锅，倒入黄油，快速拌至溶化，转小火，注入少许清水，放入白糖，用大火煮至溶化。

3. 倒入适量牛奶，拌匀，至其呈糊状，关火后盛出奶糊，装入盘中，铺平、抹匀。

4. 将奶糊放入冰箱冷冻约90分钟，置于案板上，切成数个长方形奶条，撒上少许生粉，待用。

5. 把面粉装入碗中，加入适量清水，拌匀，至其呈稀糊状，淋入适量食用油，静置约30分钟，取出面糊，拌匀，待用。

6. 热锅注油，烧至五六成热，将奶条裹上面糊放入油锅中，用小火炸约3分钟，至其呈金黄色，捞出沥油，装入盘中即可。

凉拌海蜇丝

 烹饪时间
2分钟

原料

水发海蜇150克，青椒、红椒各15克，蒜末、葱花各少许

调料

盐2克，鸡粉、生抽、芝麻油、料酒各适量

做法

1 把洗净的红椒去籽切细丝；青椒去籽切细丝。

2 锅中注入适量清水，煮沸后淋入少许料酒，倒入海蜇，煮半分钟。

3 再倒入青椒、红椒，汆煮至食材断生，捞出，沥干水分。

4 取1个大碗，放入汆煮好的食材。

5 再倒入蒜末、葱花、盐、鸡粉、生抽、芝麻油，拌匀至入味。

6 盛出装在盘中，摆好即可。

小贴士

海蜇汆水后，用醋浸泡几分钟，再拿出，与调料拌匀，可以去除它的腥味，且口感更加脆嫩。

白灼鲜虾

 烹饪时间
6分钟

原料

鲜虾250克，香葱1根，姜片5克

调料

盐2克，料酒、生抽各5毫升

小贴士

鲜虾不要煮太久，因为煮久了肉会变老，影响口感。

做法

1 锅中注水烧开，放入姜片。

2 加入洗净的香葱，淋入料酒，煮2分钟成姜葱水。

3 加入少许盐，放入洗净的鲜虾，煮2分钟至虾转色熟透；关火，捞出煮熟的虾。

4 将虾放入凉水中浸泡一会儿以降温，捞出虾，围盘摆好；在盘子中间放上生抽，食用时随个人喜好蘸取生抽即可。

香菇鲜虾盏

烹饪时间
20 分钟

原料

鲜香菇100克，青椒20克，基围虾220克

调料

盐5克，糖、胡椒粉各3克，水淀粉、食用油各适量

做法

1 将洗净的香菇去蒂，洗净的青椒切成圈，装入盘中，待用。

2 将处理好的基围虾去除虾线，放入碗中，加盐、胡椒粉、食用油，腌渍片刻。

3 热锅注水煮沸，放入盐，搅拌均匀，放入香菇，焯约2分钟，捞出待用。

4 将腌好的虾放入香菇中，放入电蒸锅，蒸6分钟。

5 热锅注水烧开，放入盐、糖、青椒，搅拌均匀，注入适量水淀粉，勾芡，加入适量食用油，拌匀。

6 取出蒸好的食材，再浇上调好的汁即可。

小贴士

如果口味较重，也可以加适量的辣椒调味。

潮式腌虾

烹饪时间
182 分钟

原料

濑尿虾200克，干辣椒、姜末、蒜末、葱花、香菜各少许

调料

盐、鸡粉、白糖各2克，红油3毫升，料酒、陈醋各4毫升，生抽6毫升

做法

1 往虾碗中放入干辣椒、姜末、蒜末、葱花。
2 加入香菜，放入盐、鸡粉、料酒、生抽、白糖，淋入陈醋、红油，搅拌片刻。
3 封上保鲜膜，静置腌渍3个小时至食材入味。
4 待时间到，去除保鲜膜，将腌渍好的虾倒入盘中即可。

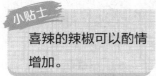

喜辣的辣椒可以酌情增加。

①

②

③

④

韭黄炒虾仁

 烹饪时间
2分钟

原料

韭黄250克，虾仁150克，青蒜苗段20克，红椒丝少许

调料

盐2克，味精1克，水淀粉、料酒各适量

做法

1 将洗净的韭黄切段；把洗好的虾仁从背部划开。

2 虾仁加盐、味精、水淀粉抓匀，倒入少许油腌渍3~5分钟入味。

3 锅置旺火，注油烧热，倒入虾仁滑油片刻捞出。

4 锅留底油，倒入青蒜苗、红椒丝炒匀，倒入韭黄和虾仁炒匀。

5 加入盐、味精、料酒，炒至入味，盛入盘内即可。

 小贴士

虾仁入锅炒制时火不要太大，而且时间不要太长，这样炒出的虾仁才够嫩。

豉油皇焗虾

烹饪时间
4分钟

原料

基围虾500克，香菜少许

调料

白糖3克，鸡粉3克，豉油30毫升，芝麻油、食用油各适量

炒制时可加入胡椒粉，能更好地去除虾的腥味。

做法

1 热锅注油，烧至六成热，倒入处理干净的基围虾，搅散，炸约2分钟至熟，将炸好的基围虾捞出沥干油，装入盘中备用。

2 用油起锅，加20毫升清水，加豉油、鸡粉、白糖拌匀，煮沸，制成豉油皇。

3 倒入滑油后的基围虾，翻炒入味。

4 加入适量芝麻油，翻炒匀至入味，盛出摆盘，用香菜装饰即可。

鲜虾干捞粉丝煲

烹饪时间
4分钟

原料

水发粉丝300克，虾仁100克，红椒末、芹菜末、葱末、姜末、蒜末各少许

调料

盐、味精、生抽、料酒、水淀粉各适量

小贴士

粉丝可用温水先泡发。

做法

1 把洗净的粉丝切段；虾仁切丁，虾肉加入味精、盐、水淀粉拌匀，淋入少许食用油腌渍10分钟。

2 热锅注油，烧至四成热，倒入虾肉，滑油片刻，捞出，沥干油分。

3 用油起锅，倒入葱末、姜末、蒜末爆香，倒入虾肉，加料酒炒香，倒入粉丝炒匀。

4 加入盐、味精、生抽，再淋入熟油拌匀，放入芹菜末、红椒末，快速翻炒匀。

5 盛入煲仔，置于大火上烧开，取下砂煲即可。

椒盐濑尿虾

烹饪时间
3.5 分钟

原料

濑尿虾350克，洋葱30克，红椒20克，蒜末、葱花各少许

调料

辣椒酱10克，味椒盐5克，食用油适量

自己炒制椒盐时，可滴少许芝麻油，能增香提味。

做法

1 去皮洗净的洋葱切成粒；洗净的红椒切成粒。

2 锅中倒入适量清水，用大火烧开，倒入处理干净的濑尿虾，搅拌匀，煮约1分钟，捞出沥干水分。

3 热锅注油，烧至五成热，放入濑尿虾，用中火炸约2分钟至虾肉外脆里嫩，捞出，沥油待用。

4 炒锅注油烧热，倒入红椒、洋葱、蒜末爆香，放入辣椒酱，翻炒匀。

5 倒入炸好的濑尿虾，撒上味椒盐，翻炒至入味。

6 撒上葱花，炒匀，盛出装盘即可。

豉油皇炒濑尿虾

 烹饪时间
3分钟

原料

濑尿虾300克，红椒粒5克，
葱花2克

调料

豉油皇10毫升，食用油适量

 小贴士

炸濑尿虾的时间不宜太
长，以免降低营养价值。

做法

1 锅中注入适量清水，用大火烧开，倒入洗净的濑尿虾，略煮一会儿至其变红，将氽好的虾捞出备用。

2 锅中注油，烧至七成热，倒入濑尿虾，略炸片刻，捞出炸好的虾，沥干油，装盘备用。

3 锅置火上，倒入红椒、豉油皇，放入濑尿虾，炒约1分钟至其入味。

4 关火后盛出炒好的虾，装入盘中，撒上葱花即可。

沙茶炒濑尿虾

烹饪时间
4分钟

原料

濑尿虾400克，沙茶酱10克，红椒粒、洋葱粒、青椒粒、葱白粒各10克

调料

鸡粉2克，料酒、生抽各4毫升，蚝油、食用油各适量

小贴士

放入沙茶酱后可以多炒一会儿，这样可以使其味汁充分释放出来。

做法

1 热锅注油，烧至七成热，倒入处理好的濑尿虾，油炸约80秒至转色，关火后捞出，装盘备用。

2 用油起锅，倒入红椒、青椒、洋葱、葱白、沙茶酱，炒匀。

3 放入之前炸好的虾，翻炒约2分钟至食材熟。

4 加入适量鸡粉、料酒、生抽、蚝油，炒匀，关火后盛出炒好的虾，装入盘中即可。

白灼花螺

烹饪时间
3分钟

（原料）

花螺500克，红椒丝、姜丝、葱丝各少许

（调料）

料酒4毫升，生抽10毫升

余煮花螺的时间不宜过久，以免影响口感。

（做法）

1 锅中注水烧开，倒入洗好的花螺，淋入料酒，余去腥味。

2 将煮好的花螺捞出，沥干水分，装入盘中。

3 将葱丝、姜丝、红椒丝放入盘中，加入生抽，制成味汁。

4 食用时蘸取调好的味汁即可。

盐焗花螺

原料

粗盐800克，花螺500克，八角、草果、沙姜各少许

调料

料酒4毫升

小贴士

炒粗盐时锅要干燥，这样才能很好地炒出香味。

做法

1 锅中注水烧开，倒入洗净的花螺，淋入少许料酒，略煮，汆去腥味，捞出，沥干水分，装入盘中。

2 取1张锡纸，放入煮好的花螺，将其包裹严实，在锡纸上戳上几个小孔，待用。

3 锅置火上，倒入粗盐、各种香料，炒匀炒热。

4 将包着锡纸的花螺放入砂锅中，盛入炒好的粗盐，覆盖住花螺，用大火焗15分钟至熟。

5 取出做好的花螺，打开锡纸即可食用。

炒田螺

 烹饪时间
3分钟

原料

田螺500克，豆瓣酱20克，姜片、蒜末、葱 段各少许

调料

盐3克，鸡粉2克，料酒、生抽各5毫升，水淀粉10毫升，食用油适量

做法

1 热锅中注水烧开，倒入田螺，加入2毫升料酒，煮约2分钟至熟，把氽过水的田螺捞出备用。

2 用油起锅，倒入姜片、蒜末、葱段，爆香，倒入田螺，翻炒约1分钟至熟透。淋入料酒，炒香。

3 加豆瓣酱，炒匀。注水，煮沸。加适量盐、鸡粉。再淋入少许生抽，炒匀调味，加入少许水淀粉。

4 快速拌炒匀，将炒好的田螺盛出装盘即可。

 小贴士
清洗螺蛳时滴几点油，这样更干净。

蒜蓉粉丝蒸扇贝

 烹饪时间
10分钟

原料

扇贝6个，小葱10克，大蒜30克，生姜20克，粉丝60克，红椒15克

调料

蒸鱼豉油10毫升，盐3克，食用油适量

做法

1 将粉丝放入清水中浸泡3分钟，捞出，切成段。

2 小葱切成葱花；生姜切成末；红椒去籽，切成末；大蒜用刀拍散，切碎。

3 将扇贝洗净，用刀撬开，去掉脏污，用刀取肉，扇贝肉中撒上适量的盐，拌匀，腌渍片刻，用水冲洗片刻，去除泡沫。

4 将洗净的扇贝壳摆放在备好的盘中，往每1个扇贝壳里面放上粉丝、扇贝肉。

5 热锅注油，放姜末、蒜末爆香，倒入红椒末，炒成酱料，将酱料盖在每个扇贝上。

6 电蒸锅中注水烧开，放入食材，蒸5分钟，取出食材，淋上蒸鱼豉油，撒上葱花即可。

小贴士

买来的扇贝可放入滴有芝麻油的清水中浸泡，让其吐尽泥沙，还能去腥提香。

豉汁炒花甲

烹饪时间
2分钟

原料

花甲350克，红椒30克，豆豉、姜末、蒜末、葱段各少许

调料

盐2克，生抽5毫升，豆瓣酱15克，老抽3毫升，鸡粉2克，水淀粉4毫升，食用油适量

 小贴士

花甲放入淡盐水中泡1小时，把泥沙吐净再烹制。

做法

1 洗净的红椒切成圈。

2 锅中注入适量清水煮沸，倒入洗好的花甲，搅匀，煮约3分钟，撇去浮沫，将汆好的花甲捞出，装入碗中，倒入清水，清洗干净，再装入另1个碗中。

3 炒锅中倒入适量食用油烧热，放入豆豉、姜末、蒜末、葱段，爆香。

4 倒入清洗好的花甲，加入生抽、豆瓣酱、老抽、红椒、鸡粉、盐，翻炒均匀。

5 淋入清水与水淀粉，翻炒均匀，盛出装盘即可。

姜葱炒花甲

🍲 烹饪时间
3分钟

原料

花甲500克，姜片25克，葱段20克，蒜末少许

调料

盐3克，豆瓣酱15克，料酒3毫升，老抽、鸡粉、食用油各适量

小贴士

花甲本身极富鲜味，烹制时最好不加味精，也不宜多放盐，以免鲜味流失。

做法

1 锅中倒入适量清水烧开，倒入花甲，煮约2分钟至壳张开，捞出，装入碗中。

2 花甲用清水清洗干净，挑去杂质，装入盘中备用。

3 用油起锅，倒入姜片、蒜末爆香，倒入花甲，拌炒均匀。

4 加入少许料酒、豆瓣酱、鸡粉、盐、老抽，炒匀调味。

5 放入葱段，加少许水淀粉，将食材炒至入味，盛出装盘即可。

葱蒜烤蛤蜊

 烹饪时间
20分钟

原料

带壳蛤蜊500克，姜末7克，蒜末7克，葱花7克，红椒碎7克，白酒20毫升，黑胡椒碎10克

调料

食用油适量，盐少许

做法

1 将洗好的蛤蜊放入铺好锡纸的烤盘中，淋上白酒，将食材放入烤箱中。

2 将上下管温度设置230℃，时间刻度选择15分钟。

3 将烤好的食材取出，放入盐、黑胡椒、姜末、蒜末、红椒碎，淋上油。

4 将食材再放入烤箱，续烤5分钟。

5 取出，将烤好的蛤蜊放入备好的盘子中，撒上葱花即可。

小贴士

还可以切一些彩椒铺在上面，好看好吃又健康。喜欢吃辣的可加些辣椒。

127

清炒蛤蜊

🍲 烹饪时间
2分钟

原料

蛤蜊500克，姜丝20克，葱段10克

调料

盐3克，生抽8毫升，老抽4毫升，料酒、鸡粉、水淀粉、食用油各适量

做法

1 锅中倒入适量清水，大火烧开，倒入蛤蜊，煮约2分钟至蛤蜊壳打开，捞出。

2 用油起锅，倒入姜丝，爆香。

3 倒入处理好的蛤蜊炒匀，淋入少许料酒。

4 加入盐、鸡粉，倒入少量生抽、老抽，炒匀调味，稍煮片刻。

5 倒入水淀粉勾芡，将锅中材料翻炒至入味。

6 加入葱段炒匀，盛出装盘即可。

小贴士

煮蛤蜊时，一定要把蛤蜊壳煮开后再捞出，这样才能让调料更好地渗入到蛤蜊肉里，吃起来更美味。

金不换炒薄壳

 烹饪时间
4分钟

原料

薄壳（海瓜子）400克，朝天椒10克，金不换（九层塔）20克，去皮蒜头30克，去皮姜块15克

调料

盐3克，食用油适量

 小贴士

薄壳在盐水中浸泡1小时，使其吐净泥沙，再冲洗干净。

做法

1 将薄壳洗净沥干水，洗净的朝天椒切成圈，去皮蒜头切片，去皮姜块切片。

2 洗净的金不换去根摘叶，待用。

3 热锅注油烧热，放入姜片，快速翻炒，放入蒜片、朝天椒，爆炒出香味。

4 倒入薄壳，适当翻炒，加入适量盐。

5 放入金不换，翻炒一会儿，盖上锅盖，焖2分钟。

6 揭开锅盖，再翻炒一会儿，将炒好的菜肴盛入盘中即可。

粉丝蒸蛏子

烹饪时间 18分钟

原料

净蛏子200克，水发粉丝25克，蒜末10克，葱花、姜片各5克

调料

白糖3克，蒸鱼豉油10毫升，食用油适量

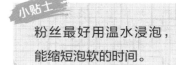

粉丝最好用温水浸泡，能缩短泡软的时间。

做法

1 取1个蒸盘，倒上洗净的粉丝，铺放好，放入处理干净的蛏子。
2 用油起锅，撒上备好的蒜末、姜片，爆香。
3 加入适量白糖，快速搅拌均匀，调成味汁。
4 将味汁盛出，浇在蛏子上。
5 电蒸锅注水烧开，放入蒸盘，蒸约15分钟，至食材充分熟透。
6 取出蒸好的食材，趁热浇上蒸鱼豉油即可。

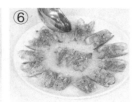

清蒸鲈鱼

烹饪时间
10分钟

原料

鲈鱼300克，葱丝、姜丝、姜片各少许

调料

蒸鱼豉油5毫升，食用油适量

做法

1 洗净的鲈鱼两面鱼背上各切一刀，鱼肚中放入姜片。

2 取空盘，交叉放上筷子，在筷子上放入处理好的鲈鱼。

3 电蒸锅中注入适量清水烧开，放入鲈鱼，蒸8分钟至熟；取出蒸好的鲈鱼，取出筷子，在鲈鱼上放好姜丝和葱丝，待用。

4 锅中注入适量的食用油，烧至八成热，关火后将热油淋在鲈鱼上，最后淋上蒸鱼豉油即可。

小贴士

如果把握不好蒸制的时间，可以用筷子插进鱼尾，能轻松插入说明熟透。

豉汁蒸鲈鱼

🍲 烹饪时间
9分钟

原料

鲈鱼500克，豆豉25克，红椒丝10克，葱丝、姜丝各少许

调料

料酒10毫升，盐3克，生抽、食用油各适量

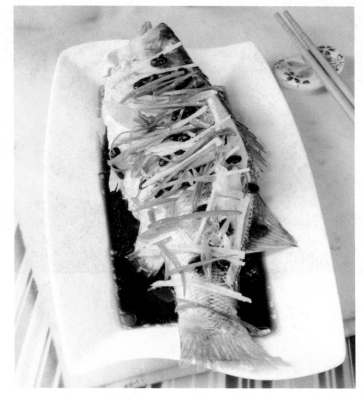

小贴士

处理鲈鱼时注意不要将胆弄破，以免鱼肉发苦。

做法

1 处理好的鲈鱼背上划上一字花刀。
2 在鲈鱼身上放上料酒、盐，涂抹均匀。
3 蒸锅上火烧开，放上鲈鱼，中火蒸2分钟。
4 撒上豆豉，用中火续蒸6分钟至熟。
5 将鲈鱼移至大盘中，放上姜丝、葱丝、红椒丝。
6 热锅注油烧热，将热油浇在鱼身上，再淋上生抽即可。

豆豉蒸鲩鱼

 烹饪时间
13分钟

原料

鲩鱼500克，豆豉30克，姜末、蒜末、红椒末、葱花、姜丝、葱丝各少许

调料

料酒、蚝油、生抽、白糖、芝麻油、生粉、盐、豆豉汁各适量

做法

1 将洗净的鲩鱼切一字花刀；豆豉剁碎。
2 起油锅，倒入姜末、蒜末、红椒末、豆豉末爆香。
3 加入料酒、蚝油、生抽、少许白糖，快速拌匀。
4 将炒好的豆豉盛入味碟中，加入盐、芝麻油、生粉，拌匀。
5 鱼肉撒上盐，浇上豆豉汁，放入已预热好的锅中，大火蒸10分钟至熟。
6 从蒸锅中取出蒸好的鱼，撒入姜丝、葱丝、葱花，淋上熟油即成。

 小贴士

蒸鲩鱼时，先将蒸锅中的水烧开，再将鱼放入蒸锅中，这样蒸出来的鱼味道更加鲜美。

柠檬蒸乌头

烹饪时间
15 分钟

原料

乌头鱼400克，香菜15克，柠檬30克，红椒25克

调料

鱼露适量

小贴士

蒸鱼的时候放上点柠檬片，味道会更香。

做法

1. 洗好的红椒切圈；香菜切末；柠檬切片，备用。
2. 处理干净的乌头鱼斩去鱼鳍，从背部切开。
3. 在碗中倒入鱼露，放入柠檬片、红椒，调成味汁。
4. 取1个蒸盘，放入乌头鱼，撒上切好的香菜。
5. 放上余下的柠檬片，摆好红椒圈，待用。
6. 蒸锅上火烧开，放入蒸盘，用中火蒸约15分钟至熟，取出后撒上余下的香菜即可。

②  ③ 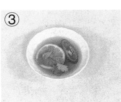 ⑤  ⑥

酱香带鱼

烹饪时间 6分钟

原料

带鱼450克，洋葱末、葱花、蒜末、红椒末各10克，姜汁酒、南乳、海鲜酱、面粉各少许

调料

盐、味精、白糖、生抽、水淀粉、食用油各适量

小贴士

炸带鱼时，油温要保持在四五成热，而且还要用汤勺不停地搅拌，以免将鱼肉炸糊了。

做法

1 处理干净的带鱼切成段，加入姜汁酒、盐拌匀，再撒入面粉抓匀。

2 锅中倒入适量食用油，烧至六成热，放入带鱼，炸约3分钟至金黄色，捞出沥油。

3 另起锅，注油烧热，放入洋葱末、蒜末、红椒末，加入海鲜酱、南乳炒香。

4 注入少许清水烧开，加盐、味精、白糖、生抽调味，倒入水淀粉调成酱汁。

5 倒入炸好的带鱼，翻炒均匀。

6 盛入盘中摆好，撒上葱花即成。

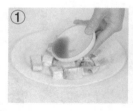

清蒸青口贝

🍲 烹饪时间
10分钟

原料

青口120克，姜丝5克，
葱段4克

调料

料酒5毫升，蒸鱼豉油4
毫升，盐3克

小贴士

青口可以提前在家
养一晚上，能更好
地吐尽泥沙。

做法

1 将姜丝均匀地撒在备好的青口上。

2 在青口上淋上适量料酒，撒上盐和备好的葱段，待用。

3 电蒸锅注水烧开，放入青口。

4 盖上锅盖，调转旋钮定时8分钟。

5 待时间到，掀开盖，将青口取出。

6 淋上备好的蒸鱼豉油即可。

蒜香蒸生蚝

 烹饪时间
15 分钟

原料

生蚝4个，柠檬15克，蒜末20克，葱花5克

调料

盐3克，蚝油5克，食用油20毫升

蚝油可以少放一些，以免掩盖了生蚝本身的鲜味。

做法

1 取一碗，倒入生蚝肉，加入盐，挤入柠檬汁，拌匀，腌渍10分钟待用。

2 用油起锅，倒入蒜末，爆香，放入葱花，淋入适量蚝油，翻炒约1分钟至入味。

3 关火后盛出炒好的蒜末，装入备好的碗中，待用。

4 腌好的生蚝肉放入生蚝壳中，再淋上炒香的蒜末。

5 电蒸锅注水烧开，放入生蚝，蒸熟。

6 将蒸好的生蚝取出，即可食用。

烤生蚝

🍲 烹饪时间
10分钟

原料

生蚝3个，蒜茸20克，葱花适量

调料

盐3克，食用油10毫升，鸡粉、白胡椒粉各适量

食用前可浇上少许热油，味道会更鲜美。

做法

1 将生蚝放到烧烤架上，用中火烤至冒气。

2 将适量的盐、白胡椒粉、鸡粉、蒜茸、适量的食用油依次均匀地撒在生蚝肉上。

3 再撒入适量的盐和鸡粉，用中火继续烤8分钟至生蚝壳里面的汤汁冒泡。

4 刷上少量的食用油，烤大约1分钟。

5 最后在每个生蚝上撒入适量的葱花。

6 将烤好的生蚝装入盘中即可。

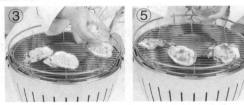

卤香鲍鱼

烹饪时间 7.5 小时

原料

小鲍鱼120克，黄瓜30克，柠檬片20克，干辣椒、茴香籽、桂皮各3克，香叶2片，卤水汁150毫升

调料

盐2克，冰糖6克，黄酒15毫升

做法

1 洗净的黄瓜斜刀切片。

2 清水中挤入柠檬汁，搅匀待用。

3 锅中注水烧开，放入处理干净的鲍鱼，汆烫约1分钟至去除表面黏质，捞出汆烫好的鲍鱼，放入柠檬水中浸泡1小时至去腥。

4 洗净的锅置火上，注入约200毫升清水，倒入卤水汁，放入茴香籽、桂皮、香叶、干辣椒、冰糖，倒入黄酒，加入盐，煮约2分钟至沸腾后转小火。

5 放入泡好的鲍鱼，搅匀，稍煮片刻。

6 放入切好的黄瓜片，搅匀，煮约5分钟至食材熟软，关火后盛出食材和酱汁，装碗，浸泡6小时至入味，装盘后，浇上酱汁即可。

小贴士

黄瓜片可出锅再放入，稍煮数秒即可，口感更佳。

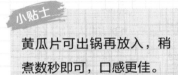
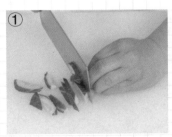

姜葱蒸小鲍鱼

烹饪时间
10分钟

原料

小鲍鱼6只，红椒丁、蒜末各15克，葱花5克，姜丝10克

调料

盐2克，蒸鱼豉油10毫升，食用油适量

小贴士

怕腥的人可以在蒸前淋点料酒，口感会更鲜嫩。

做法

1 处理好的小鲍鱼肉划上花刀，撒上盐，放入壳中。

2 用油起锅，放入姜丝、红椒丁、蒜末，翻炒爆香。

3 将炒好的调料均匀浇在处理好的小鲍鱼上，待用。

4 电蒸锅注入适量清水，烧开上气，放入小鲍鱼，蒸8分钟。

5 待8分钟后，取出鲍鱼。

6 淋上蒸鱼豉油，撒上葱花即可。

①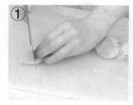
②
④
⑥

避风塘炒蟹

原料

花蟹100克，面包糠30克，干辣椒5克，油浸葱花、姜末、蒜末各少许，蒜块适量

调料

盐、鸡粉各1克，料酒5毫升，白酒、生抽、食用油各适量

做法

1　洗净的花蟹装在盘中，加入适量白酒，加盖，熏醉花蟹，装入备好的盘中，待用。

2　备好砧板，切开蟹壳，再将花蟹切成块，待用。

3　锅中倒入适量食用油，烧至四成热，放入蒜块，炸至变黄，捞出蒜块，装盘待用。

4　先后将蟹壳、蟹块放入油锅中，炸至转色后捞出，沥干油待用。

5　锅底留油，倒入油泡过的蒜末、姜末、葱末、干辣椒，炒匀爆香，倒入蟹块，炒约1分钟至熟，加入盐、生抽、鸡粉、料酒，炒匀。

6　倒入面包糠、炒好的蒜块，炒约1分钟至入味，盛出炒好的花蟹，装在盘中，摆放上炸好的蟹壳，倒入剩余炒好的面包糠即可。

花蟹清洗时，应将其内脏清除干净。花蟹的大钳很硬，吃起来不方便，煮之前可以先把它拍裂，会更易入味。

五彩银针鱿鱼

 烹饪时间 2分钟

原料

鱿鱼150克，黄豆芽50克，水发黑木耳20克，洋葱丝15克，红椒丝、黄瓜丝各30克

调料

盐3克，白糖2克，生抽、芝麻油各3毫升

 小贴士

鱿鱼易熟，焯水时间不可过长，以免使鱼肉变老。

做法

1 处理干净的鱿鱼切成切小条；泡好的黑木耳切碎。

2 沸水锅中倒入切好的鱿鱼条、木耳碎，放入黄豆芽、红椒丝，汆烫约1分钟至食材断生。

3 捞出汆烫好的食材，沥干水分，装入碗中，待用。

4 往汆烫好的食材里放入备好的洋葱丝、黄瓜丝。

5 加入适量盐，撒上白糖、生抽、芝麻油，充分拌匀至食材入味。

6 将拌匀的食材装入盘中，即可食用。

②

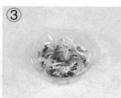
③

④

⑥

避风塘墨鱼仔

 烹饪时间
6分钟

原料

墨鱼仔200克，面包糠80克，熟白芝麻3克，葱段、姜片各少许，干辣椒5克

调料

盐、鸡粉各3克，食用油适量

小贴士

墨鱼仔比较腥，烹饪前可以先腌渍一下。

做法

1 热锅注入适量食用油，烧至六成热，放入处理好的墨鱼仔，油炸片刻至熟透，捞出墨鱼仔，装入盘中，待用。

2 另起锅，注油烧热，倒入干辣椒、葱段、姜片，爆香。

3 倒入面包糠、熟白芝麻、墨鱼仔，翻炒均匀，加入适量盐、鸡粉，将食材充分炒匀至入味。

4 关火，将炒好的墨鱼仔盛入盘中即可。

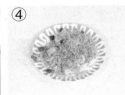

145

葱爆海参

海参300克，葱段50克，姜片40克，高汤200毫升

调料

盐、鸡粉各3克，白糖2克，蚝油5毫升，料酒4毫升，生抽6毫升，水淀粉、食用油各适量

小贴士

勾芡时宜用大火，这样葱段的香味才会进入到海参中。

做法

1 将洗净的海参切成段，再切条形。

2 锅中注入清水烧开，加入少许盐、鸡粉，倒入切好的海参，搅拌匀，煮约1分钟，捞出沥干水分，待用。

3 用油起锅，放入姜片、部分葱段，爆香。

4 倒入海参，淋入少许料酒，倒入备好的高汤，放入少许蚝油，淋入适量生抽，加少许盐、鸡粉、白糖，炒匀调味。

5 转大火收汁，撒上余下的葱段，再倒入适量水淀粉，翻炒一会儿，至汤汁收浓。

6 关火后盛出炒好的菜肴，装入盘中即成。

什锦辽参

烹饪时间
5分钟

原料

辽参200克，虾仁70克，去皮胡萝卜50克，青椒、红椒、芦笋各30克，姜片、葱段各少许

调料

料酒、生抽、水淀粉各5毫升，盐、鸡粉、白糖各3克，食用油适量

小贴士

海参的气味较重，汆煮的时间可长一些，食用时口感更佳。

做法

1 芦笋切成小段；青椒切成小段；红椒切成小段；胡萝卜切成丁。
2 洗净的辽参刮去杂质，再切成丁。
3 沸水锅中倒入胡萝卜、虾仁、辽参、芦笋，汆片刻，至蔬菜断生和肉类转色，捞出汆好的食材，放入盘中待用。
4 热锅注油烧热，倒入葱段、姜片，爆香，倒入青椒，加入料酒、生抽、盐、鸡粉、白糖、水淀粉，充分炒匀至入味，关火后将炒好的菜肴盛入盘中即可。

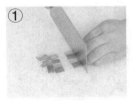
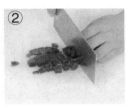

小米海参

 烹饪时间
30 分钟

原料

小米75克，海参25克，油菜、葱、姜、枸杞各适量

调料

盐适量

小贴士

海参应用温水泡发。

做法

1 泡发海参，去肠洗净，切成片。

2 将葱、姜洗净切末；油菜洗净、切末；枸杞泡发；将小米淘洗干净，捞出沥干。

3 将小米放入锅中，加入海参、葱末、姜末，大火烧开后转小火慢炖。

4 出锅前5分钟撒入油菜末、枸杞，撒盐调味，装碗即成。

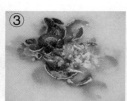

苹果杏仁煲无花果

枸杞炖乳鸽

第3章

喝滋补汤水

对于广东人来说，汤不仅仅是美食，还是他们生活里的一部分，甚至可以说是广东饮食文化中最深的底蕴。无论是香浓醇美的老火靓汤，还是清淡鲜美的生滚汤，或是清润可口的甜汤，餐桌上总是少不了。

砂锅紫菜汤

原料

紫菜、芦笋、香菇、小白菜、豆腐各50克，姜适量

调料

盐、酱油、素汤、芝麻油、花生油各适量

做法

1 紫菜去杂质，掰成碎块；芦笋洗净，切成小片。

2 香菇、豆腐切成细丝。

3 小白菜洗净；姜洗净，去皮切成末。

4 炒锅注花生油烧热，放入芦笋片、香菇丝、豆腐丝略煸。

5 添入素汤，放入紫菜块烧沸。

6 砂锅内加入盐、酱油、姜末，淋入芝麻油，放入小白菜略烧即可。

小贴士

紫菜以色泽紫红的为好，表明菜质较嫩，以清水泡发，并换1~2次水以清除杂质。

苹果杏仁煲无花果

烹饪时间
30分钟

原料

苹果1个，无花果6颗，北杏
仁15克，蜜枣1颗

调料

盐适量

做法

1 苹果去皮、去籽，切成小块。
2 无花果、北杏仁洗净，与苹果一起放入锅中。
3 锅中注入6碗水，煲20分钟。
4 待煲出香味，放入蜜枣，续煲10分钟，关火前放入盐调味即可。

小贴士

苹果要去皮去心，不去心的话，煲出来的汤会酸、不清甜。

竹荪莲子丝瓜汤

 烹饪时间
26分钟

原料

丝瓜120克，玉兰片140克，水发竹荪80克，水发莲子120克，高汤300毫升

调料

盐、鸡粉各2克

丝瓜皮的营养较多，可以不用去皮。

做法

1 竹荪切段；玉兰片切成小段；丝瓜切成滚刀块。

2 砂锅中注入适量清水烧热，倒入高汤，拌匀。

3 放入莲子、玉兰片，用中火煮约10分钟。

4 倒入丝瓜、竹荪，拌匀，用小火续煮约15分钟至食材熟透。

5 加入适量盐、鸡粉，拌匀调味，盛出汤料即可。

老冬瓜木棉荷叶汤

 烹饪时间 77分钟

原料

冬瓜350克，瘦肉块100克，通草、木棉花、荷叶各5克

调料

盐2克，料酒5毫升

 小贴士

冬瓜皮不用去除，这样清热解毒的功效会更好。

做法

1 锅中注入适量清水烧开，倒入瘦肉块，略煮一会儿，汆去血水，捞出汆煮好的瘦肉，装盘待用。

2 砂锅中注入适量清水，倒入汆过水的瘦肉，放入备好的木棉花、荷叶、通草，加入料酒，拌匀。

3 用大火煮开后转小火续煮40分钟至药材析出有效成分。

4 拣出荷叶，倒入冬瓜块，续煮30分钟至食材熟软。

5 加入盐、鸡粉，拌匀，再煮5分钟至食材入味。

6 关火后盛出煮好的汤料，装入碗中即可。

①

②

③

④

荷叶扁豆绿豆汤

 烹饪时间
62分钟

原料

瘦肉100克，荷叶15克，水发绿豆、水发扁豆各90克，陈皮30克

调料

盐2克

做法

1 洗净的瘦肉切大块，放入烧开的水中，汆煮片刻，捞出，沥干水分，待用。

2 砂锅中注水烧开，倒入瘦肉块、荷叶、陈皮、扁豆、绿豆，拌匀。

3 大火煮开后转小火煮1小时至熟。

4 加入盐，搅拌片刻至入味，盛出煮好的汤，装入碗中即可。

 小贴士

绿豆一定要提前浸泡好，这样可以节省煮汤时间。

玉竹冬瓜瘦肉汤

 烹饪时间
7分钟

原料

猪瘦肉270克，冬瓜300克，玉竹15克，姜片少许

调料

盐、鸡粉各2克，水淀粉4毫升，食用油适量

做法

1 洗净去皮的冬瓜切薄片，洗好的猪瘦肉切片。

2 把肉片装入碗中，加入盐、鸡粉、水淀粉，拌匀，注入少许食用油，拌匀，腌渍约10分钟，备用。

3 锅中注清水烧开，倒入备好的玉竹、姜片，放入冬瓜，淋入少许食用油。

4 盖上盖，用中火煮约5分钟，放入肉片，拌匀，煮至变色，加入盐、鸡粉，拌匀，续煮片刻至食材入味即可。

 小贴士

猪瘦肉可先汆煮一下再煮汤，口感会更佳。

莲子芡实瘦肉汤

 烹饪时间
63 分钟

原料

瘦肉250克，芡实10克，莲子15克，姜片少许

调料

盐3克，料酒10毫升，鸡粉适量

做法

1 泡发好的莲子去除莲子心；洗净的瘦肉切成块。
2 锅中注水烧开，倒入瘦肉和少许料酒，氽去血水，捞出备用。
3 取1个砂锅，放入莲子、芡实、姜片、瘦肉。
4 另起锅，烧一锅热水，倒入砂锅中，将砂锅置于旺火上，淋入少许料酒。
5 大火煮1分钟至沸腾，改小火再炖1小时。
6 加入盐和鸡粉调味后即可。

 小贴士

瘦肉可适当切得大一些，这样口感会更佳。

虾米冬瓜花菇瘦肉汤

烹饪时间
122 分钟

原料

冬瓜300克，水发花菇120克，瘦肉200克，虾米50克，姜片少许

调料

盐1克

做法

1 冬瓜切块；瘦肉切大块；花菇去柄。

2 沸水锅中倒入切好的瘦肉，汆煮一会儿，去除血水及脏污，捞出汆好的瘦肉，装盘待用。

3 倒入切好的花菇，汆煮一会儿至断生，捞出汆好的花菇，装盘待用。

4 砂锅注水，倒入汆好的瘦肉、花菇、冬瓜块，放入虾米、姜片，拌匀。

5 加盖，大火煮开后转小火续煮2小时至入味。

6 开盖加盐，拌匀调味，盛出煮好的汤，装碗即可。

小贴士

汤煮好后可加入少许胡椒粉，更能促进食欲。

苦瓜黄豆排骨汤

烹饪时间
56分钟

原料

苦瓜200克，排骨300克，水发黄豆120克，姜片5克

调料

盐2克，鸡粉2克，料酒20毫升

②

③

④

⑥

做法

1 洗好的苦瓜对半切开，去籽，切成段。

2 锅中倒入适量清水烧开，倒入洗净的排骨，淋入适量料酒，煮至沸，搅匀，汆去血水，捞出汆煮好的排骨，沥干水分，待用。

3 砂锅中注入适量清水，放入洗净的黄豆，煮至沸腾。

4 倒入汆过水的排骨，放入姜片，淋入少许料酒，搅匀提鲜，用小火煮40分钟，至排骨酥软。

5 放入切好的苦瓜，用小火煮15分钟。

6 加入盐、鸡粉，再煮1分钟，至全部食材入味即可。

小贴士

煮制此汤时，可以先将黄豆泡一晚上再煮，这样可以节省烹饪的时间。

排骨玉米莲藕汤

 烹饪时间
123 分钟

原料

排骨块300克，玉米100克，莲藕110克，胡萝卜90克，香菜、姜片、葱段各少许

调料

盐2克，鸡粉2克，胡椒粉2克

夏天食用时还可加入些薏米，口感会更好。

做法

1 玉米对半切开，切成小块；胡萝卜切滚刀块；莲藕对切开，切成块。

2 锅中注入清水大火烧开，倒入洗净的排骨块，拌匀，氽煮去除血水，捞出，沥干水分待用。

3 砂锅中注入清水大火烧热，倒入排骨块、莲藕、玉米、胡萝卜、葱段、姜片，拌匀煮至沸。

4 转小火煮2个小时至食材熟透，加入盐、鸡粉、胡椒粉，搅拌调味，盛入碗中，放上香菜即可。

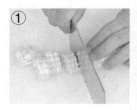

扁豆薏米排骨汤

烹饪时间 62 分钟

原料

白扁豆100克，水发薏米100克，排骨300克

调料

盐5克

做法

1 砂锅中注入适量清水大火烧开，倒入排骨，淋入少许料酒，汆煮去血水，捞出，沥干水分待用。

2 砂锅再注入适量清水大火烧热，放入排骨、薏米、扁豆，搅拌片刻。

3 烧开后转小火煮1个小时至食材熟软，加入少许盐，使食材入味。

4 关火，将汤盛出装入碗中即可。

排骨汆水的时候不要煮太久，以免炖老了。

莲藕菱角排骨汤

 烹饪时间
47分钟

原料

排骨300克，莲藕150克，菱角30克，胡萝卜80克，姜片少许

调料

盐2克，鸡粉3克，胡椒粉、料酒各适量

做法

1 菱角去壳，对半切；胡萝卜、莲藕分别切滚刀块。

2 锅中注入适量清水烧开，倒入排骨块，淋入料酒，略煮一会儿，汆去血水，捞出备用。

3 砂锅中注入适量清水烧开，放入汆过水的排骨，淋入料酒，用大火煮15分钟。

4 倒入切好的莲藕、胡萝卜、菱角，小火煮5分钟。

5 放入姜片，用小火续煮25分钟至食材熟透。

6 加入盐、鸡粉、胡椒粉，拌匀，盛出煮好的汤料，装入碗中即可。

小贴士

排骨先汆一下水再煮，可使汤汁的口感更佳。

海带黄豆猪蹄汤

烹饪时间
62分钟

原料

猪蹄500克，水发黄豆100克，海带80克，姜片40克

调料

盐、鸡粉各2克，胡椒粉少许，料酒6毫升，白醋15毫升

猪蹄要注意清洗干净，去除毛发。

做法

1 猪蹄对半切开，再斩成小块；海带切成小块。

2 锅中注入适量清水烧热，放入猪蹄块，淋上少许白醋，用大火煮一会儿，捞出猪蹄，沥干水分。

3 再放入海带，煮半分钟，捞出海带，沥干水分。

4 砂锅中注入清水烧开，放入姜片、黄豆、猪蹄、海带，搅匀，淋入料酒。

5 煮沸用小火煲煮约1小时，至全部食材熟透，加入鸡粉、盐，搅拌片刻，再撒上少许胡椒粉。

6 搅匀后再煮片刻，至汤汁入味，取下砂锅即可。

板栗桂圆炖猪蹄

烹饪时间 62 分钟

原料

猪蹄块600克，板栗肉70克，桂圆肉20克，核桃仁、葱段、姜片各少许

调料

盐2克，料酒7毫升

做法

1 洗好的板栗对半切开。
2 锅中注入适量清水烧开，倒入洗净的猪蹄，加入适量料酒，拌匀，略煮一会儿，汆去血水，捞出汆煮好的猪蹄，装入盘中，待用。
3 砂锅中注入适量清水烧热，倒入姜片、葱段、核桃仁、猪蹄、板栗、桂圆肉，加入料酒，拌匀。
4 用大火煮开后转小火炖1小时至食材熟软。
5 加入盐，拌匀至食材入味。
6 关火后盛出炖好的菜肴，装入碗中即可。

木瓜鱼尾花生猪蹄汤

烹饪时间
1~3 小时

原料

猪蹄块80克，鱼尾100克，水发花生米20克，木瓜块30克，姜片少许，高汤适量

调料

盐2克，食用油适量

做法

1 锅中注入适量清水烧开，倒入洗净的猪蹄块，搅拌片刻，汆去血水；捞出汆煮好的猪蹄，沥干水分；将猪蹄过一次凉水，备用。

2 锅中加入少许食用油，放入姜片爆香，加入鱼尾，煎出香味，倒入适量高汤煮沸。

3 取出煮好的鱼尾，装入鱼袋，扎好，备用。

4 砂锅中注入煮过鱼的高汤，放入猪蹄、木瓜、花生，加入煎好的鱼尾，用大火煮15分钟，转中火煮1~3小时至食材熟软。

5 加入少许盐调味，搅拌均匀至食材入味，盛出汤料，装入碗中，待稍微放凉即可食用。

花生猪蹄汤

烹饪时间
70 分钟

原料

猪蹄500克，莲藕200克，水发花生160克，葱15克，姜片10克

调料

盐、鸡粉、味精、花椒粉、料酒、白醋、食用油各少许

做法

1 锅中倒入适量清水，放入猪蹄，加少许白醋，焖煮至熟，将猪蹄捞出，冲洗干净备用。

2 用食用油起锅，倒入姜片、葱煸香，倒入猪蹄，加少许料酒翻炒匀。

3 夹出葱条，将猪蹄转到砂煲，加入适量水。

4 倒入花生、莲藕，拌匀，小火煲1小时至猪蹄软烂，加盐、鸡粉、味精、胡椒粉调味，搅匀即成。

小贴士

猪蹄含丰富的胶原蛋白，能美容养颜祛皱，有延缓皮肤衰老的作用。

白果猪皮汤

 烹饪时间
60分钟

原料

白果12颗，甜杏仁10克，猪皮100克，葱花、葱段、姜片各适量

调料

花椒适量，八角、黄酒、芝麻油各少许

做法

1 锅中注水烧开，加入猪皮、八角、花椒，焯煮5分钟至去除腥味和脏污，捞出焯好的猪皮，待用。

2 砂锅中注入适量清水，放入焯好的猪皮，加入甜杏仁、白果、姜片、葱段，拌匀。

3 用大火煮开，去除浮沫，加入少许料酒。

4 转小火煮30分钟至食材熟透，加入盐，拌匀。

5 盛出煮好的汤，装在碗中，淋入芝麻油，撒上葱花即可。

小贴士

猪皮可以事先用小刀轻刮表面，这样可以有效去除细小的杂毛。

沙参猪肚汤

 烹饪时间
61 分钟

原料

沙参15克，水发莲子75克，水发薏米65克，芡实45克，茯苓10克，猪肚350克，姜片20克

调料

盐2克，鸡粉2克，料酒20毫升

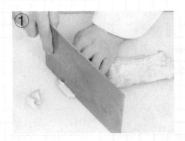

做法

1 洗净的猪肚切成条，备用。

2 锅中注水烧开，倒入猪肚、料酒，汆至变色后，将猪肚捞出沥干。

3 砂锅注水烧开，放入姜片、备好的药材、汆过水的猪肚和料酒。

4 烧开后转小火炖1小时，至食材熟透，放入少许盐和鸡粉调味即可出锅。

小贴士

猪肚买回来以后，可以放入淡清水中搓洗，这样可以洗得更干净。

明目枸杞猪肝汤

烹饪时间
21 分钟

原料

石斛20克，菊花10克，枸杞
10克，猪肝200克，姜片少许

调料

盐2克，鸡粉2克

做法

1 洗净的猪肝切成片，备用。

2 把洗净的石斛、菊花装入隔渣袋中，收紧袋口。

3 锅中注入适量清水烧开，倒入切好的猪肝，搅拌匀，汆去血水，捞出，沥干水分，待用。

4 砂锅中注入清水烧开，放入装有药材的隔渣袋，倒入汆过水的猪肝，放入姜片、枸杞，拌匀。

5 烧开后用小火煮20分钟，至食材熟透。

6 放入盐、鸡粉，拌匀调味，取出隔渣袋，盛出煮好的汤，装入汤碗中即可。

鹿茸花菇牛尾汤

烹饪时间
122分钟

原料

牛尾段300克，水发花菇50克，蜜枣40克，枸杞15克，姜片20克，鹿茸5克，葱花少许

调料

盐3克，鸡粉2克，料酒8毫升

做法

1 将洗净的花菇切小块。

2 锅中注入清水烧开，倒入牛尾，淋入料酒，搅匀，大火煮半分钟，再捞出牛尾段，沥干水分，待用。

3 砂锅中注入适量清水烧开，倒入余过水的牛尾段，撒上姜片，放入枸杞、鹿茸、蜜枣。

4 再倒入切好的花菇，淋入少许料酒。

5 煮沸后用小火煮约2小时，至食材熟透，加入少许鸡粉、盐，拌匀调味。

6 用中火续煮片刻，至汤汁入味，关火后盛出煮好的牛尾汤，装入汤碗中，撒上葱花即成。

黄芪红枣牛肉汤

烹饪时间 120分钟

原料

黄芪、花生、红枣、莲子、香菇各适量，牛肉200克，水800～1000毫升

调料

盐适量

做法

1 将莲子倒入装有清水的碗中，泡发1小时。

2 将香菇倒入装有清水的碗中，泡发30分钟。

3 把黄芪、花生、红枣倒入装有清水的碗中，清洗干净后泡发10分钟。

4 烧开的水中倒入牛肉块，氽煮去杂质、血水后捞出，沥干水分，待用。

5 砂锅中注入适量清水，倒入牛肉块、莲子、香菇、黄芪、花生、红枣，搅拌匀。

6 开大火煮开转小火煲煮2个小时后掀开盖，加入少许盐，搅匀调味即可。

小贴士

牛肉纤维较粗，可以切得小块点，更方便食用。

①

②

③

⑥

无花果煲羊肚

 烹饪时间
125 分钟

原料

羊肚300克，无花果10克，蜜
枣10克，姜片少许

调料

盐2克，鸡粉3克，胡椒粉、
料酒各适量

做法

1 锅中注入适量清水烧开，倒入切好的羊肚，淋入
   料酒，略煮一会儿，氽去血水，捞出氽煮好的羊
   肚，装入盘中，备用。

2 砂锅中放入羊肚、蜜枣、姜片、无花果。

3 注入适量清水，淋入少许料酒。

4 用大火煮开后转小火煮2小时至食材熟透。

5 揭盖，放入盐、鸡粉、胡椒粉，拌匀调味。

6 关火后盛出煲煮后的菜肴，装入盘中即可。

 小贴士

汤煮开后用小火煲，可使食材的营养更易析出，口感也更好。

参茸猪肚羊肉汤

 烹饪时间
61 分钟

原料

羊肉200克，猪肚180克，当归15克，肉苁蓉15克，姜片、葱段各适量

调料

盐2克，鸡粉2克，料酒10毫升

 小贴士

猪肚不易炖烂，可以多炖一会儿。

做法

1 处理干净的猪肚切成小块；羊肉切成小块。

2 锅中注入适量清水烧开，倒入切好的羊肉、猪肚，淋入料酒，煮沸，汆去血水，捞出，沥干水分。

3 砂锅中注入适量清水烧开，倒入备好的当归、肉苁蓉、姜片。

4 放入汆过水的羊肉和猪肚，淋入适量料酒，烧开后用小火炖1小时，至食材熟透。

5 放入少许盐、鸡粉拌匀，略煮片刻，至食材入味。

6 关火后盛出煮好的汤料，装入碗中，放入备好的葱段即可。

 ②
 ③
 ④
 ⑤

当归生姜羊肉汤

烹饪时间 120 分钟

原料

羊肉400克，当归10克，姜片40克，香菜段少许

调料

料酒8毫升，盐2克，鸡粉2克

①

做法

1 锅中注水烧开，倒入羊肉和料酒，汆去血水后捞出沥干，装入盘中备用。

2 砂锅注水烧开，倒入当归、姜片、羊肉和料酒，搅拌均匀。

3 加盖，小火炖2小时至羊肉软烂，放盐、鸡粉拌匀调味后，夹去当归和姜片。

4 关火，盛出煮好的汤料装入盘中即可。

②

③

小贴士
羊肉汤炖制时间较长，砂锅中应多放些清水，避免炖干。

④

虫草红枣乌鸡汤

🍲 烹饪时间
120 分钟

原料

乌鸡250克，虫草花20克，红枣30克

调料

盐适量

做法

1 虫草花洗净后，放入炖盅里，然后放入适量清水，加入清洗干净的红枣。

2 鸡肉剁成块，放入汤锅，汆去血水和污渍。

3 然后放入炖盅内，盖上盖子，放入蒸锅。

4 炖制2小时后，依个人口味加盐调味即可。

小贴士

此汤鲜美可口，具有滋补、调节免疫力、抗菌、镇静安神等作用。

罗汉果炖雪梨

🍲 烹饪时间
65 分钟

原料

雪梨1个，罗汉果1/5个

做法

1 雪梨洗净去核，切成小块，放入碗中。

2 罗汉果切成小块，加入雪梨，注入适量清水。

3 蒸锅中注入适量清水烧开，将碗放入蒸锅。

4 蒸1小时后，取出，放凉即可食用。

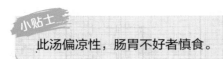

此汤偏凉性，肠胃不好者慎食。

猴头菇鸡汤

原料

水发猴头菇70克，猪骨100克，鸡腿块100克，姜片30克，红枣20克，枸杞10克

调料

盐2克，料酒10毫升

做法

1. 洗好的猴头菇切成小块。
2. 锅中注入清水烧开，倒入猪骨、鸡块，放入姜片、料酒，搅拌均匀，略煮片刻，撇去汤中浮沫。
3. 加入切好的猴头菇，拌匀，余煮片刻，焯好的食材捞出，沥干水分，备用。
4. 砂锅中倒入适量清水烧开，倒入焯过水的食材，烧开后用小火煮40分钟，至食材熟软。
5. 加入红枣，小火再煮10分钟，至全部食材熟透。
6. 放入少许盐、枸杞，搅匀至食材入味，盛出煮好的汤料，装入碗中即可。

金钱草鸭汤

原料

鸭块400克，金钱草10克，姜片少许

调料

盐2克，鸡粉2克

做法

1 锅中注入适量的清水大火烧开，倒入备好的鸭块，搅匀，去除血沫，将鸭块捞出，沥干水分，待用。

2 砂锅中注入适量的清水大火烧热，倒入鸭块、姜片、金钱草，搅拌匀。

3 加盖烧开后转小火炖1个小时至熟透，加入盐、鸡粉，搅匀调味。

4 关火后将煮好的鸭汤盛出装入碗中即可。

干贝冬瓜煲鸭汤

 烹饪时间
62 分钟

原料

冬瓜185克，鸭肉块200克，咸鱼35克，干贝5克，姜片少许

调料

盐2克，料酒5毫升，食用油适量

 小贴士

氽煮鸭肉时淋入少许料酒，可以去除异味。

做法

1 洗净的冬瓜切块；咸鱼切块。

2 锅中注水烧开，倒入鸭块，淋入料酒，氽煮片刻，关火后捞出氽煮好的鸭块，沥干水分待用。

3 热锅注油，放入咸鱼、干贝，油炸片刻，捞出炸好的食材，沥干油，装入盘中，备用。

4 砂锅中注入清水烧开，倒入鸭块、咸鱼、干贝、姜片，拌匀，大火煮开后转小火煮30分钟至熟。

5 放入冬瓜块，续煮30分钟至冬瓜熟。

6 加入盐，搅拌片刻至入味，盛出，装入碗中即可。

北杏党参老鸭汤

烹饪时间 62 分钟

原料

鸭肉700克，北杏仁15克，党参10克，姜少许

调料

盐3克，鸡粉、料酒各适量

小贴士

鸭肉的腥味较重，氽水后最好再清洗几次，这样能改善汤汁的口感。

做法

1 鸭洗净切成块，姜切片。锅中注清水烧热，倒入鸭肉块，淋入适量料酒，大火煮半分钟，氽去血渍。

2 将氽煮好的鸭肉块捞出沥干，待用。

3 砂锅中注入适量清水烧开，放入备好的姜片，加入洗净的党参、北杏仁，倒入鸭肉块，淋入少许料酒提味。

4 煮沸后用小火煮60分钟，至食材熟透，加入少许盐、鸡粉，掠去浮沫，再转中火煮一会儿，至汤汁入味，装入汤碗中即成。

①

②

③

④

土茯苓绿豆老鸭汤

 烹饪时间
190 分钟

原料

绿豆250克，土茯苓20克，鸭肉块300克，陈皮1片，高汤适量

调料

盐2克

若使用老鸭肉，可用凉水和少许醋浸泡半小时，用小火慢炖，使鸭肉香嫩可口。

做法

1 锅中注入适量清水烧开，放入洗净的鸭肉块，搅拌匀，煮2分钟，搅拌匀，余去血水，捞出鸭肉块后过冷水，盛入盘中备用。
2 砂锅中注入适量高汤烧开，加入鸭肉、绿豆、土茯苓、陈皮，拌匀。
3 加盖炖3小时至食材熟透，加入适量盐进行调味。
4 搅拌均匀，至食材入味，将煮好的汤料盛出即可。

无花果茶树菇鸭汤

烹饪时间 42 分钟

原料

鸭肉500克，水发茶树菇120克，无花果20克，枸杞、姜片、葱花各少许

调料

盐2克，鸡粉2克，料酒18毫升

小贴士

鸭肉含油比较多，可以在煮好后捞去表层的鸭油，以免太油腻。

做法

1 洗好的茶树菇切去老茎，切成段；鸭肉斩成小块。

2 锅中注水烧开，倒入鸭块，搅散，加入料酒，煮沸，汆去血水，把鸭块捞出，沥干待用。

3 砂锅中注入适量清水烧开，倒入鸭块，加洗净的无花果、枸杞、姜片，放入茶树菇，淋入少许料酒，用小火煮40分钟，至食材熟透。

4 揭开盖，放入适量鸡粉、盐，用勺搅匀调味，将汤料盛出，装入汤碗中，撒上葱花即可。

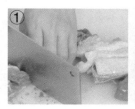

枸杞炖乳鸽

原料

乳鸽1只，枸杞25克，姜片适量

调料

盐2克，料酒20毫升

做法

1 将乳鸽洗净；生姜去皮，切成片。

2 洗净的乳鸽放入沸水锅焯一下，捞出。

3 将乳鸽放入锅中，加入清水。

4 放入枸杞，旺火煮开，撇去浮沫。

5 加入料酒、姜片，撒入适量盐。

6 加盖用小火炖煮至熟烂即可。

小贴士

枸杞不宜放太多，否则煲出来的汤会有酸味。

天麻炖乳鸽

 烹饪时间
70 分钟

原料

乳鸽1只，天麻15克，黄芪、桂圆、党参、人参、姜片、枸杞、红枣、陈皮各少许

调料

高汤、盐、鸡粉、料酒各适量

做法

1 乳鸽宰杀处理干净，斩块。
2 锅中加清水烧开，放入乳鸽，汆煮3分钟至断生捞出，用清水洗净。
3 将洗净的乳鸽放入炖盅内，再加入其余的原料。
4 高汤倒入锅中烧开，加盐、鸡粉、料酒调味。
5 将调好味的高汤舀入炖盅内，盖好炖盅的盖子。
6 在炖锅中加入适量清水，放入炖盅，加盖炖1小时后取出即可。

 小贴士

乳鸽煲汤前，放入热水中汆去血水与肉渣残留物，可保证炖制出的汤品色正味纯。

莲子鲫鱼汤

 烹饪时间
34分钟

原料

鲫鱼1条，莲子30克，黄酒5毫升，姜3片，葱白3克

调料

盐5克，食用油15毫升

做法

1 用油起锅，放入处理好的鲫鱼，轻轻晃动煎锅，使鱼头、鱼尾都沾上油。

2 煎1分钟至金黄色，翻面，再煎1分钟至金黄色。

3 倒入适量热水，没过鱼身，加入葱白、姜片、料酒，大火煮沸。

4 倒入泡好的莲子，拌匀，小火煮30分钟至有效成分析出，加入盐，拌匀调味即可。

小贴士

鲫鱼要处理干净，把鱼身上的水擦干，这样煎鱼的时候不容易掉皮。

葱豉豆腐鱼头汤

烹饪时间
45分钟

原料

鲢鱼头500克，豆腐300克，
香菜、淡豆豉、葱白各适量

调料

盐、食用油各适量

做法

1 将鲢鱼头去掉喉管、腮腺，洗净，切开两边。

2 香菜、淡豆豉、葱白分别切碎；豆腐切块，沥干水分，备用。

3 炒锅注油烧热，放入豆腐块略煎，盛出备用。

4 放入鲢鱼头煎香。

5 加淡豆豉碎、豆腐块，添适量水，大火煮沸。

6 加入盐，放入切碎的香菜、葱白，盛出即可。

小贴士

鱼头一定要将鱼鳃择洗干净，用清水冲洗干净，否则会影响汤的质量。

川芎白芷鱼头汤

烹饪时间
36 分钟

原料

川芎10克，白芷9克，姜片20克，鲢鱼头1个

调料

鸡粉2克，盐2克，料酒10毫升

做法

1. 用油起锅，放入姜片，炒香，倒入处理好的鱼头，煎出焦香味。

2. 将鱼头翻面，煎至焦黄色，把煎好的鱼头盛出，装盘备用。

3. 砂锅中注入适量清水烧开，放入备好的川芎、白芷，用小火煮15分钟，至药材析出有效成分。

4. 放入煎好的鱼头，淋入适量料酒，用小火续煮20分钟，至食材熟透。

5. 放入少许鸡粉、盐，用勺拌匀，氽去浮沫，略煮片刻，至食材入味。

6. 关火后盛出煮好的汤料，盛入碗中即可。

小贴士

鱼头汤很鲜，可以少放些调料，否则会失去食材的鲜味。

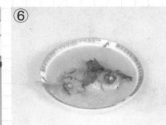

鲫鱼冬瓜汤

 烹饪时间 4分钟

原料

冬瓜200克，净鲫鱼400克，姜片、香菜段各 少许

调料

盐、鸡粉、胡椒粉、食用油各适量

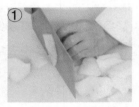 ①

 ②

 ③

 ④

 做法

1 把去皮洗净的冬瓜切薄片。

2 锅中注水烧开，加盐、鸡粉，撒上姜片，放入冬瓜，再放入鲫鱼。

3 倒入少许食用油，用中火煮3分钟。

4 撒上胡椒粉调味，搅拌均匀，出锅盛出，撒上香菜即可。

 小贴士

冬瓜片切得薄一些，煮出来的汤汁更美味。

白萝卜牡蛎汤

烹饪时间
6.5 分钟

原料

牡蛎肉100克，白萝卜丝170克，姜丝、葱花各 少许

调料

盐3克，鸡粉2克，料酒、胡椒粉、芝麻油、食用油各适量

做法

1 锅中倒入适量清水烧开，加入食用油、姜丝和白萝卜丝。

2 倒入牡蛎肉，搅拌匀，淋入少许料酒。

3 用大火烧开后转中火煮5分钟至食材熟透。

4 加入盐、鸡粉、胡椒粉、芝麻油，拌匀调味，把汤盛出，装入汤碗中，再撒入葱花即可。

小贴士

牡蛎入锅煮之前，可将其放入淡盐水中浸泡，以使其吐净泥沙。

虫草红枣炖甲鱼

烹饪时间
65 分钟

原料

甲鱼600克，冬虫夏草、红枣、姜片、蒜瓣各少许

调料

盐、鸡粉各2克，料酒5毫升

做法

1 砂锅中注入适量清水烧开，倒入洗净的甲鱼块。

2 放入洗好的红枣、冬虫夏草，放入姜片、蒜瓣，搅拌均匀。

3 用大火煮开后转小火续煮1小时至食材熟透。

4 加入盐、料酒、鸡粉，拌匀调味。

5 关火后盛出煮好的甲鱼汤，装入碗中。

6 待稍微放凉后即可食用。

小贴士

红枣可以去核后再煮，这样食用起来更方便。

①

②

③

④

⑤

⑥

小白菜蛤蜊汤

 烹饪时间
5分钟

原料

小白菜段60克，蛤蜊180克，水发粉丝适量，姜片少许

调料

鸡粉、盐、胡椒粉各2克，料酒4毫升，三花淡奶少许，食用油适量

做法

1 锅中注入适量食用油，放入姜片，爆香。
2 倒入蛤蜊，翻炒均匀，淋入料酒，炒匀。
3 向锅中加入适量清水，搅拌匀，煮约2分钟。
4 放入备好的粉丝，加入鸡粉、盐、胡椒粉，拌匀。
5 倒入洗净切好的小白菜，煮至熟软。
6 加入少许三花淡奶，搅拌均匀，盛出即可。

 小贴士

小白菜煮的时间不宜过长，以免降低其营养价值。

甘蔗茅根水

 烹饪时间
24 分钟

原料

甘蔗段70克，茅根30克

调料

冰糖适量

做法

1 锅中倒入约800毫升清水烧开，倒入甘蔗段与绑好的茅根。

2 煮沸后转小火煮约20分钟。

3 撒入冰糖，煮约2分钟至冰糖溶化。

4 搅拌几下，将煮好的糖水盛入汤碗中即成。

小贴士
茅根材质柔软，煮的时候要捆绑紧实，这样不易煮散。

 ①

 ②

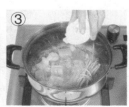 ③

 ④

红薯糖水

原料

红薯200克，姜片10克

调料

红糖25克

做法

1 将去皮洗净的红薯切滚刀块。

2 砂锅中注入适量清水烧开。

3 倒入红薯块，撒上备好的姜片。

4 盖上盖，烧开后用小火煮约20分钟，至食材熟透。

5 揭盖，放入备好的红糖，拌匀，煮至溶化。

6 关火后盛出煮好的糖水，装在碗中即可。

小贴士

红糖的补血作用较强，若女性饮用，可多放一些。

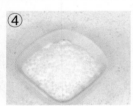

椰汁西米露

烹饪时间
65 分钟

原料

西米40克，椰浆200毫升

调料

白糖适量

做法

1 锅中注入适量的清水，再倒入备好的椰浆，开大火加热，放入白糖，慢慢搅拌均匀，煮沸。

2 备好焖烧罐，倒入开水至八分满，盖上盖子，摇匀，预热1分钟，待预热好揭盖，将水倒出。

3 将西米倒入，再将煮开的椰汁倒入，至八分满，盖上盖子，摇晃均匀，焖1小时。

4 待时间到，将西米露盛出，装入碗中即可。

小贴士

煮西米的过程中，要不时地搅拌，以免粘锅。

鲜什果西米捞

 烹饪时间
25 分钟

原料

青枣20克，草莓40克，杨桃35克，猕猴桃50克，西米30克

调料

盐10克，白糖30克

做法

1 猕猴桃去皮，切成小块；青枣切成小块；杨桃切薄片；草莓切小块。

2 将切好的水果浸泡在淡盐水中，备用。

3 锅中加入约1000毫升清水，大火烧热，倒入西米，用小火煮约20分钟至汤汁浓稠。

4 加入白糖，放入切好的各式水果拌煮至沸腾，盛入碗中即可。

小贴士

洗草莓时用慢速的自来水不断冲洗，因为流动的水可避免农药渗入果实中。洗净的草莓也不要马上食用，最好再用淡盐水浸泡5分钟，会更健康。

陈皮红豆沙

原料

水发红豆300克，陈皮20克

调料

冰糖70克

做法

1 电陶炉接通电源，放上砂锅，注入清水，高温加热。

2 放入备好的水发红豆，倒入洗净的陈皮，拌匀。

3 盖上盖，烧开后降低电陶炉的加热温度，至800W，煮约150分钟，至红豆熟软。

4 揭盖，倒入冰糖，边煮边搅拌，至糖分完全溶化，按电陶炉的开关键，停止工作后盛出煮好的红豆沙，装在碗中即成。

小贴士

陈皮先用热水泡软，煮的时候更容易析出其有效成分。

杨枝甘露

烹饪时间
15分钟

原料

淡奶油100克，椰浆30毫升，芒果610克，西柚肉适量，饮用水100毫升

调料

冰糖15克

做法

1 小锅里面加入水和冰糖，小火加热至冰糖溶化，离火放凉待用。

2 将柚子肉剥成小粒；芒果洗净，果肉切丁。

3 将2/3的芒果丁放入搅拌机里搅打成泥，再加入一半的冰糖水混匀。

4 在芒果糊里加入椰浆、淡奶油、剩下一半的冰糖水，拌匀，盛入碗中，最后放上芒果丁和西柚肉即可。

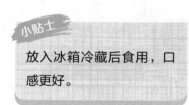

小贴士

放入冰箱冷藏后食用，口感更好。

红豆香芋西米露

原料

红豆30克，香芋80克，
西米20克，牛奶、椰浆
各适量

调料

白糖适量

做法

1 把西米和冷水一起加入锅内熬煮，水滚时转中小火焖熟至全透明，然后立刻放入清水中，把西米晾凉。

2 红豆提前一晚泡发。

3 锅中注水没过红豆，大火熬煮，待沸腾后，加入白糖，煮至溶化，转中火，将红豆熬至软烂。

4 香芋去皮切成丁，放入牛奶中，加入椰浆、白糖，将香芋煮至软熟。

5 最后把煮好的红蜜豆连汤带水倒入香芋的锅中，加入西米，搅匀，小火煮2分钟即可。

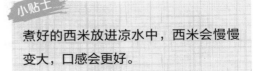

小贴士

煮好的西米放进凉水中，西米会慢慢
变大，口感会更好。

清凉绿豆沙

 烹饪时间
125 分钟

（原料）

绿豆65克

（调料）

白糖少许

（做法）

1 碗中注入清水，放入洗净的绿豆，浸泡2小时。

2 锅中注入适量清水烧开，倒入泡好的绿豆。

3 烧开后用小火煮至食材熟软，捞出绿豆皮。

4 关火后盛出煮好的绿豆沙，装入杯中即成。

小贴士

煮绿豆时最好用勺子碾压几次绿豆，这样可以缩短烹煮的时间。

芒果西瓜盅

 烹饪时间
7分钟

原料

西瓜肉60克，芒果1个，西瓜盅1个

调料

冰糖15克

做法

1 芒果洗净对半切开，用工具掏出芒果肉，备用。

2 锅中倒入约800毫升清水，加入冰糖。

3 用小火煮至冰糖溶化，倒入准备好的西瓜肉。

4 再将芒果肉倒入锅中，煮至沸腾，盛出，装入西瓜盅即可。

小贴士

糖水煮好后，加入少许食盐，会使糖水更甜。

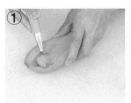

腐竹白果鸡蛋糖水

 烹饪时间
35分钟

[QR code]

原料

熟鸡蛋2个，腐竹50克，白果50克，姜片20克

调料

冰糖20克

白果有微毒，在烹饪前需先用温水浸泡数小时，然后入开水锅中煮熟后再烹调。

做法

1 将浸泡好的的腐竹切成小段。

2 锅中倒入约1000毫升清水烧热，放入姜片，倒入泡好的白果。

3 用大火烧开，然后转小火煮25分钟至白果熟透。

4 放入切好的腐竹，再倒入剥好皮的熟鸡蛋。

5 放入冰糖，用汤勺拌匀，继续煮约5分钟至入味。

6 将做好的糖水盛出即可。

雪莲果甘蔗糖水

 烹饪时间 12分钟

原料

雪莲果150克，甘蔗100克

调料

白糖少许

做法

1 甘蔗去皮洗净，斩成段，备用。
2 雪莲果洗净去皮，先切成条，再切成块，备用。
3 锅中加入约900毫升清水烧开，放入甘蔗。
4 小火煮约10分钟，至其析出甜味。
5 将切好的雪莲果倒入锅中，加入白糖，煮至白糖完全溶化。
6 把煮好的糖水盛出即可。

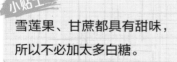 小贴士

雪莲果、甘蔗都具有甜味，所以不必加太多白糖。

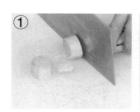

银耳红枣汤

 烹饪时间
15分钟

原料

桂圆35克，红枣20克，水发银耳50克，冰糖45克，山药100克

做法

1 银耳洗净切朵。
2 山药去皮洗净，切丁，放入清水中浸泡。
3 热锅注水，倒入冰糖、桂圆、红枣、银耳拌匀烧开，盖上锅盖，慢火焖20分钟。
4 揭盖，倒入山药丁拌匀煮至熟透，将汤盛出即成。

 小贴士

制作此菜时，最好用温水将银耳充分泡发，这样煮熟的银耳口感会更软滑。

枸杞红枣莲子银耳羹

烹饪时间
35分钟

原料

水发银耳30克，水发莲子25克，红枣15克，枸杞10克

调料

冰糖适量

做法

1 锅中倒入适量的清水烧开。

2 倒入切好的银耳，再加入洗净的莲子、红枣。

3 搅拌片刻，烧开后用中火煮30分钟至食材熟软。

4 揭开锅盖，倒入备好的枸杞，稍煮一会儿。

5 倒入冰糖，搅匀，煮至完全溶化。

6 将煮好的甜汤盛出，装入碗中，待稍微放凉即可食用。

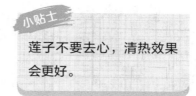

小贴士

莲子不要去心，清热效果会更好。

冰糖炖燕窝

 烹饪时间
124 分钟

原料

水发燕窝30克

调料

冰糖20克

 小贴士

泡发燕窝的时间以4～5小时为佳，时间过长或是过短都会影响泡发质量。

做法

1 将已泡发好的燕窝洗净，装入盘中备用。

2 锅中加入约600毫升清水，冰糖倒入锅中，大火煮约2分钟，至冰糖完全溶化。

3 把糖水盛入碗中，把泡发好的燕窝倒入碗中。

4 蒸锅置旺火上，将盛有燕窝、糖水的碗放入蒸锅，用小火蒸约2小时。

5 将蒸好的糖水取出即可。

木瓜炖燕窝

 烹饪时间
124 分钟

原料

木瓜70克，水发燕窝50克

调料

冰糖30克

 小贴士

泡发燕窝时不要沾到油，以免影响燕窝的成品口感。

做法

1 将已去皮洗净的木瓜切成小丁，装入碗内备用，锅中加入约900毫升清水。

2 将冰糖倒入锅中，盖上锅盖，煮约2分钟至冰糖完全溶化。

3 揭开锅盖，把煮好的糖水盛入碗中，备用。

4 将木瓜倒入碗中，再将已泡发好的燕窝倒入碗中，剩余的糖水也盛入碗内，盛满为止，把碗放入蒸锅。盖上锅盖，用小火蒸2小时，揭盖，将蒸好的糖水取出即可。

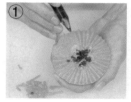   

木瓜炖雪蛤

烹饪时间
19分钟

原料

木瓜500克，水发雪蛤60克

调料

冰糖20克

小贴士

雪蛤可先用姜水略煮，以去除腥味，但是焯水的时间要短，以免影响雪蛤的功效。

做法

1 将洗净的雪蛤用镊子夹去筋膜备用。

2 取洗净的木瓜削去皮，用工具将木瓜边缘雕成齿状，将雕好的木瓜中间掏空，把掏出的木瓜果肉切成粒。

3 锅中加入约800毫升清水，将冰糖倒入锅中，盖上盖，煮2分钟至冰糖完全溶化。揭开锅盖，把木瓜粒、雪蛤倒入锅中，用锅勺搅拌均匀，煮至沸。

4 将煮好的木瓜雪蛤盛入木瓜盅内，将木瓜盅放入蒸锅，盖上锅盖，用小火蒸15分钟，揭盖，将蒸好的木瓜盅取出即可。

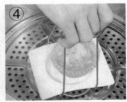

木瓜雪梨炖银耳

烹饪时间
20分钟

原料

木瓜盅1个，雪梨50克，水发银耳60克，木瓜30克

调料

冰糖适量

清洗木瓜时，先用清水浸泡一会儿，再在温水里用软毛的刷子轻轻刷去表面污渍。

做法

1 将泡发好的银耳切成朵；去皮洗好的雪梨果肉切成小块；木瓜的果肉切成小块。

2 木瓜盅用烧好的开水烫洗片刻，消毒备用。

3 锅中加入约700毫升清水烧热，倒入切好的雪梨，再放入切好的银耳和切好的木瓜。

4 用大火煮约10分钟至木瓜熟软且汤汁浓稠，放入冰糖，用汤勺拌煮至冰糖溶化，将煮好的材料倒入木瓜盅即可。

川贝炖雪梨

 烹饪时间
35 分钟

原料

雪梨60克，川贝3克

调料

冰糖15克

小贴士

如果想用此糖水食疗热症，可使用冰糖；若要食疗寒症，比如女性痛经，就要使用温热性质的红糖。

做法

1 将去皮洗净的雪梨果肉切去果核，再把果肉改刀切成小块，将切好的雪梨放入淡盐水中浸泡片刻。

2 锅置旺火上，倒入约1000毫升的清水，放入洗净的川贝，盖上锅盖，烧开后继续煮约30分钟至熟软。

3 揭开锅盖，放入切好的雪梨块儿，倒入冰糖，用锅勺搅拌均匀。

4 再盖上锅盖，再煮约10分钟至冰糖溶化，最后，盛出做好的糖水即可。

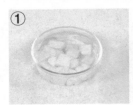

木瓜莲子百合汤

烹饪时间
10分钟

原料

木瓜200克，水发莲子、百合各60克

调料

白糖35克

做法

1 木瓜去籽，洗净后再去除表皮，果肉切小块。

2 锅中注入800毫升清水烧开，倒入木瓜和洗净的莲子，煮约5分钟至沸。

3 倒入洗好的百合略煮一小会，加入适量白糖。

4 用小火拌煮至糖分溶化，把汤盛出即成。

小贴士

将莲子放入热水锅中煮一会儿，再放入冷水中浸泡几分钟，去除莲心时会更容易一些。

鲜奶炖蛋

烹饪时间
12分钟

原料

鸡蛋2个，牛奶150毫升

调料

冰糖20克

①

②

③

④

做法

1 将鸡蛋打入碗中，快速搅散，加入冰糖，沿同一方向搅拌至糖分融化。

2 倒入牛奶，匀速地搅拌一小会，制成蛋液。

3 将搅好的蛋液倒入碗中，再将碗放入烧开的蒸锅中，大火蒸约10分钟至食材熟透。

4 取出蒸好的蛋羹，摆好盘即可。

小贴士

蒸鸡蛋时不可使用猛火，以免使底层的鸡蛋液呈焦煳状。

姜汁芙蓉蛋

烹饪时间
12 分钟

原料

姜汁150毫升，鸡蛋2个

调料

冰糖适量，白糖少许

小贴士

姜汁要现榨现用，否则会降低糖水的营养价值。

做法

1 将鸡蛋打入碗中，加入少许白糖，顺着1个方向打散调匀。

2 将搅拌好的蛋液放入烧开的蒸锅中，用小火蒸10分钟至熟，取出备用。

3 用隔渣布滤去姜渣，取姜汁备用。

4 锅中倒入少许清水，加入冰糖，把准备好的姜汁倒入锅中，煮至冰糖完全溶化。

5 将煮好的糖水浇在蛋羹上即可。

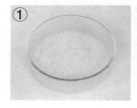   

桂圆鸡蛋甜酒

 烹饪时间
15分钟

原料

熟鸡蛋2个，桂圆肉15克，醪糟甜酒200克

调料

冰糖25克

做法

1 锅中加入1000毫升的清水，放入洗好的桂圆肉，大火烧开。

2 转成小火煮10分钟至桂圆肉熟软，加入冰糖。

3 倒入去壳的熟鸡蛋，继续煮约2分钟至冰糖溶化、鸡蛋入味。

4 倒入醪糟甜酒，拌匀，煮至沸腾后盛出即可。

小贴士

将熟鸡蛋用冷水浸泡一会，会更容易去壳。

桑寄生麦冬鸡蛋茶

 烹饪时间
62 分钟

原料

桑寄生10克，麦冬10克，熟鸡蛋2个，红枣20克

调料

冰糖30克

①

②

③

做法

1 砂锅注水，倒入桑寄生、洗净的红枣、麦冬。
2 放入鸡蛋，加入冰糖，搅拌均匀。
3 加盖，大火煮开后转小火续煮1小时，至药材的有效成分析出。
4 搅拌一下，盛出装碗即可。

④

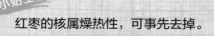 小贴士

红枣的核属燥热性，可事先去掉。

冰糖湘莲桂圆汤

烹饪时间
121 分钟

〔原料〕

水发莲子25颗，红枣15
颗，桂圆肉10颗，杏仁
10颗

〔调料〕

冰糖10颗

〔做法〕

1 取出电饭锅，倒入泡好的莲子与红枣。

2 倒入桂圆肉和杏仁。

3 加入冰糖，倒入适量清水。

4 按下"功能"键，调至"甜品汤"功能，煮2小时至食
材熟软入味。

5 打开盖子，搅拌一下，断电后将煮好的甜品汤装碗即
可。

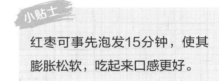

小贴士

红枣可事先泡发15分钟，使其
膨胀松软，吃起来口感更好。

醇香黑芝麻糊

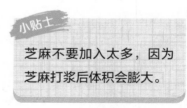 烹饪时间
13 分钟

原料

黑芝麻30克，糯米粉
1勺

调料

糖适量

做法

1　生芝麻淘洗干净（不用提前泡），放到筛网中晾干水分，放入无油无水的锅中，用中小火不停地翻炒，发出噼啪的声音跳起来时就熟了。

2　将炒好的芝麻放入搅拌器中，加入适量水，打成芝麻浆。

3　将打好的芝麻浆倒入小锅中，根据自己的喜好加入适量的糖。

4　中火将芝麻浆煮开，将1勺糯米粉用凉水搅成稀糊状，倒入锅中与黑芝麻浆拌成糊状，关火即可。

小贴士

芝麻不要加入太多，因为
芝麻打浆后体积会膨大。

芦荟蜜

烹饪时间 4 小时

原料

芦荟30克，鱼胶粉15克

调料

白糖5克，蜂蜜5克

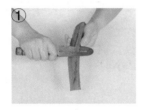

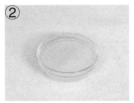

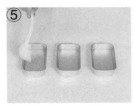

做法

1 将芦荟洗净，去掉含有苦味素的表皮，把芦荟肉用热水稍微烫一下，去除残留苦味，捞出，切成块。

2 把芦荟块和300毫升水一起打成果汁。

3 将白糖和鱼胶粉充分混合。

4 把芦荟汁倒入锅中，并倒入混合好的鱼胶粉，搅拌匀并煮至沸腾。

5 将锅中食材倒入模具中，放入冰箱冷藏4小时。

6 果冻脱模，装入碗中，蜂蜜用水调匀，倒入果冻中即可。

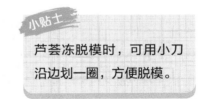

小贴士

芦荟冻脱模时，可用小刀沿边划一圈，方便脱模。

龟苓膏

原料

龟苓膏粉20克，沸水400毫升，温水适量

调料

蜂蜜适量

做法

1 用少量温水将龟苓膏粉调成糊状。

2 再用烧开的沸水边冲边搅拌调成糊状的龟苓膏粉，直至完全溶解。

3 倒入模具冷却，凝冻后放冰箱冷藏。

4 食用时淋上蜂蜜即可。

一定要将龟苓膏粉完全溶解，否则影响口感。

豆腐花

🍲 烹饪时间
23 分钟

原料

黄豆100克，饮用水1500毫
升，内脂2.5克

调料

黄片糖1片

做法

1 黄豆浸泡4小时以上。

2 将泡好的黄豆放入豆浆机中，加入水，搅拌成豆
浆，过滤掉豆渣。

3 将豆浆倒入锅中煮沸，撇去浮沫。

4 内脂用少许饮用水溶化。

5 待豆浆放凉至80~90℃，加入溶化的内脂中，画
圈搅匀，盖上盖，静置20分钟。

6 型锅中倒入1碗水，烧开后放入黄片糖，小火熬
至溶化，中途应不停搅拌以免糊锅。

7 将成型的豆腐花装入碗中，淋入糖浆即可。

若爱吃咸的，可淋入芝麻油、生抽、芝麻酱。

双皮奶

🍲 烹饪时间
23分钟

原料

鸡蛋3个，全脂牛奶500毫升

调料

细砂糖27克

做法

1 蛋白和蛋黄分离，蛋白加入白糖搅匀备用。

2 牛奶放锅里煮开，倒入小碗中，自然冷却到表面结一层奶皮。

3 将牛奶缓缓倒回锅内，注意不要将奶皮弄破，让奶皮贴于碗底。

4 将蛋清倒入牛奶中拌匀，再缓缓倒入碗中。

5 冷水入蒸锅，把双皮奶盖上保鲜膜放入锅内。

6 水开后改中火蒸15分钟后关火，闷2~3分钟之后再开盖，打开保鲜膜可食用。

小贴士

使用全脂牛奶是因为脂肪含量高，结成的奶皮才不容易破裂。

姜汁撞奶

 烹饪时间
2分钟

原料

姜汁55毫升，牛奶75毫升，
白糖少许

做法

1 锅置火上，注入备好的牛奶，用大火略煮。

2 撒上少许白糖，快速搅拌一会儿，至白糖溶化。

3 关火后将煮好的牛奶放凉，至奶汁的温度为70℃，待用。

4 取1个玻璃杯，倒入备好的姜汁。

5 再盛入锅中的奶汁，趁热饮用即成。

制作姜汁时，加入的温开水不宜太多，以免降低了姜的功效。

马蹄糕

芒果糯米糍

第4章
品别致点心

点心是指饭前或饭后的小量餐饮，种类丰富多样，同时糅和了西点的一些技巧和特色，总体口感较为清爽。

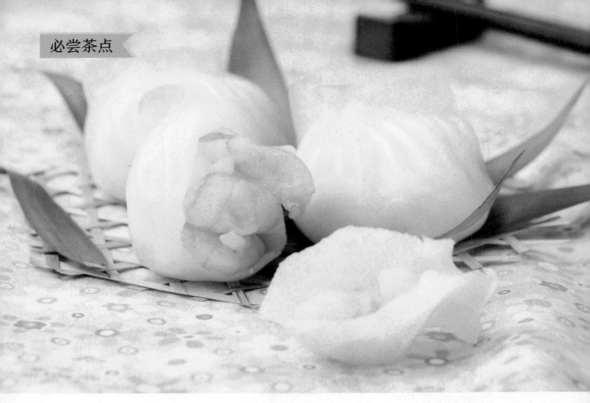

水晶虾饺皇

 烹饪时间
10分钟

原料

澄面300克,生粉、猪油各60克,虾仁100克,肥肉粒40克

调料

盐、鸡粉、白糖各2克,芝麻油2毫升,胡椒粉少许

虾仁加胡椒粉拌匀腌渍,可以去除虾仁的腥味。

做法

1 把虾仁放在毛巾上,吸干表面的水分。

2 虾仁装碗,放入胡椒粉、生粉、鸡粉、盐、白糖拌匀,加肥肉粒、猪油、芝麻油拌匀,制成馅料。

3 把澄面和生粉倒入碗中,混匀,倒入开水,搅拌。

4 把面糊搓成光滑的面团,搓成长条状。

5 切成数个大小均等的剂子,把剂子压扁,擀成饺子皮,取适量馅料放在饺子皮上,收口,捏紧,制成饺子生坯。

6 把生坯装入蒸笼里,放入烧开的蒸锅,加盖,蒸4分钟,揭盖,取出即可。

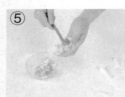

潮州粉果

 烹饪时间
6分钟

原料

澄面、肉末各100克，生粉60克，沙葛粒150克，韭菜粒80克，海米20克，水发香菇粒、熟花生米各30克

调料

猪油5克，盐4克，料酒、生抽、芝麻油各2毫升，鸡粉、白糖各2克，水淀粉、食用油各适量

做法

1 香菇、沙葛、海米倒入开水中，煮1分钟，捞出。
2 锅中注油烧热，倒入肉末，加料酒、生抽、盐、鸡粉、白糖，放入煮好的食材，加清水、水淀粉、芝麻油，炒匀，加熟花生米、韭菜，拌匀成馅料。
3 生粉与澄面混匀，加盐，倒入清水，拌至糊状，倒开水烫至凝固，再分次放入生粉，揉搓成面团。
4 加猪油，揉成光滑的面团，用保鲜膜、干毛巾包好；取面团，揉成长条，切成小剂子，擀成面皮。
5 面皮包入馅料，收口，呈鸡冠花状，制成粉果生坯，放入蒸锅中，蒸3分钟，取出即可。

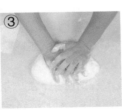
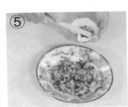

荷香糯米鸡

烹饪时间 40分钟

原料

糯米300克，鸡腿肉260克，干荷叶数张，鲜香菇粒50克，虾米40克，胡萝卜粒60克，鲜玉米粒80克，青豆70克，猪油40克，姜末少许

调料

盐4克，白糖4克，鸡粉4克，生抽3毫升，老抽2毫升，蚝油3克，芝麻油2毫升，水淀粉5毫升，食用油适量

做法

1 洗好的糯米装入模具中，加适量清水、食用油，拌匀，放入烧开的蒸锅，大火蒸35分钟至熟，取出备用。

2 锅中注清水烧开，倒入香菇、玉米粒、青豆、胡萝卜，煮约半分钟至断生，捞出，沥干水分；再把鸡腿肉倒入沸水锅中氽去血水，捞出，沥干水分。

3 用油起锅，放入虾米，爆香，放入姜末、鸡腿肉、香菇、玉米粒、青豆、胡萝卜，炒匀。

4 淋入料酒，放盐、白糖、鸡粉，加适量清水、生抽、老抽、水淀粉，勾芡，制成鸡肉馅料，盛出待用。

5 把糯米饭装入碗中，放入猪油、白糖、盐、鸡粉、蚝油、芝麻油，拌匀。

6 取适量拌好的糯米饭放在荷叶上，加入馅料，包裹好，装入蒸笼里，放入烧开的蒸锅，大火蒸4分钟，取出即可。

白糖糕

原料

粘米粉250克，澄面75克，面种100克，泡打粉10克

调料

白糖300克

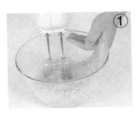

做法

1 把面种装入碗中，加入白糖，倒入适量清水，用电动搅拌器搅匀。

2 加入澄面、粘米粉，用电动搅拌器搅成纯滑的面浆，封上保鲜膜，发酵8小时。

3 撕去保鲜膜，加入泡打粉，搅匀，把面浆过筛，倒入垫有保鲜膜的模具里，装约八分满。

4 放入烧开的蒸锅，大火蒸10分钟，脱模，切成小块，装盘即可。

小贴士

白糖糕蒸好取出后要稍微放凉后再切，以免烫伤手。

239

古法马拉糕

原料

三花淡奶10毫升，鸡蛋4个，白糖250克，低筋面粉250克，泡打粉10克，吉士粉10克，马拉糕纸适量，樱桃1适量

调料

食用油适量

小贴士

将面浆倒入马拉糕纸上时不能倒入太多，以六成满为宜。

做法

1 把面粉倒入大盆中，打入鸡蛋，加入泡打粉、白糖，搅拌均匀。

2 加入吉士粉，拌匀，倒入部分三花淡奶，搅拌一会，再加入余下的三花淡奶，继续拌至面浆纯滑。

3 加入少许食用油，快速地搅拌均匀，制成面浆。

4 将马拉糕纸裁剪成长方形，再剪成与蒸笼大小适中的方片，把剪好的马拉糕纸放入蒸笼中，铺平整，再均匀地刷上适量食用油。

5 把面浆倒入铺有马拉糕纸的蒸笼里，将蒸笼放入烧开的蒸锅中，用大火蒸20分钟至面浆熟透。

6 取出蒸好的马拉糕，将马拉糕纸撕开，切成小块，放上樱桃点缀即可。

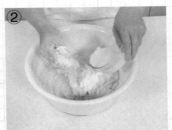

马蹄糕

烹饪时间
30 分钟

原料

马蹄粉250克，马蹄8只，水1500毫升

调料

红糖290克

小贴士

马蹄糕口感甜蜜，入口即化。夏季蚊虫比较多，吃完马蹄糕极容易被蚊虫叮咬，建议品尝美食后不要外出，以免被蚊虫叮咬，做好防蚊虫措施。

做法

1 马蹄粉倒入盆中，加入750毫升的水，开成浆；马蹄切成小粒。

2 将剩余750毫升的水加入红糖，在锅里煮，待红糖溶化后，加入切好的马蹄粒。

3 红糖水中缓缓加入一小碗马蹄粉浆，一边加入一边搅拌（约2分钟），变成熟粉浆。

4 然后熄火，把剩下的生粉浆倒入熟粉浆中，均匀搅拌，形成生熟浆。

5 蒸笼里垫上棉布，倒进生熟浆，放入烧开水的锅中，用猛火蒸20分钟即可。

6 蒸好后的马蹄糕取出冷却，脱模切成块状，盛入盘中即可。

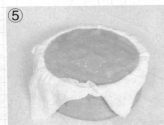

养颜红枣糕

 烹饪时间
62分钟

原料

红枣100克，马蹄粉100克

调料

冰糖40克

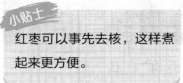

红枣可以事先去核，这样煮起来更方便。

做法

1 砂锅中注入清水，倒入红枣，大火煮开之后转小火煮30分钟至红枣熟软，捞出红枣，保留汤水。

2 汤水中放入冰糖，小火煮1分钟至冰糖溶化。

3 将马蹄粉倒入碗中，加入适量清水，搅拌均匀。

4 倒入煮好的红枣汤，一边倒，一边顺时针搅拌，制成红枣糊。

5 将红枣糊倒入容器中，放入烧开的蒸中，大火蒸30分钟至熟。

6 取出蒸好的红枣糕，待凉切成块，装入盘中即可。

鲜奶椰汁糕

🍲 烹饪时间
5分钟

 原料

牛奶80毫升，椰浆80毫升，炼乳40克，植物奶油120克，鱼胶粉50克，水750毫升

调料

白糖200克

小贴士

煮白糖、鱼胶粉等材料时宜用小火，以免造成煳锅。

做法

1 将清水倒入锅中烧开，倒入白糖、鱼胶粉，搅匀，小火煮至溶化。

2 加入椰浆、牛奶、炼乳，搅匀。

3 再加入植物奶油，搅拌均匀。

4 把浆倒入裹有保鲜膜的模具里，凉后放入冰箱冷冻1小时。

5 将冻好的鲜奶椰汁糕取出，切成小方块，装入盘中即可。

①  ②  ④    ⑤

腊味萝卜糕

原料

黏米粉300克，澄粉40克，钛白粉25克，清水500毫升，白萝卜500克，清水650毫升，胡萝卜丁40克，腊肉丁110克，虾米30克，红葱头50克

调料

盐6克，细砂糖7克，芝麻油10毫升，胡椒粉3克，食用油适量

做法

1 胡萝卜、虾米、腊肉、红葱头加细砂糖拌匀。

2 热锅注油烧热，倒入拌好的食材，翻炒出香味，加入盐、芝麻油、胡椒粉，翻炒入味后盛出待用。

3 黏米粉、澄粉、钛白粉倒入容器中，加入清水拌至无颗粒状。

4 白萝卜洗净去皮后刨丝，再倒入盐水中煮软，将萝卜丝倒入粉浆内，充分拌匀。

5 把粉浆拌至呈浓稠状，把米浆倒入模具中至五分满，抹平。

6 炒好的腊肉均匀地撒在米浆上，蒸锅烧开，放入米浆后中火蒸90分钟即可。

小贴士

容器较深则倒入五分满，容器较浅则倒入九分满。

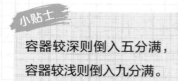

广东年糕

烹饪时间
60分钟

原料

糯米粉600克，黏粉50克，水300毫升，西杏片、红枣各适量

调料

红片糖700克

做法

1 取一碗，倒入黏粉、糯米粉，加入适量清水，搅拌均匀，制成粉浆。

2 锅中注入清水烧开，放入红片糖，煮至糖溶化，将红糖水倒入粉浆中，搅拌均匀，制成红糖粉浆。

3 将红糖粉浆倒入模具中，放入蒸笼上，放入烧开的蒸锅里，大火蒸10分钟。

4 在年糕中间放上1颗红枣，周围放上西杏片，形成花形。

5 大火续蒸40分钟至熟，取出蒸笼。

6 待凉后脱模，装入盘中即可。

小贴士

在蒸制年糕时要根据粉浆的厚薄程度来调整蒸制时间。

香甜黄金糕

原料

木薯粉500克，鸡蛋8个，黄油50克，酵母6克，椰汁625毫升，温水30毫升

调料

盐2克，糖400克

做法

1 酵母加入温水拌匀发酵待用。

2 椰汁加盐用小火煮3分钟，放入黄油熄火，放凉后加入木薯粉，搅匀成椰汁粉浆。

3 鸡蛋加糖打发至起泡，将椰汁粉浆、酵母水倒入，用打蛋器打至混合，盖好待发酵约1小时，每15分钟用打蛋器打至混合。

4 烤炉预热200℃，把糊浆倒入烤盘，烤约15~20分钟，取出放凉后切件即成。

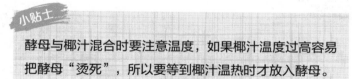

小贴士

酵母与椰汁混合时要注意温度，如果椰汁温度过高容易把酵母"烫死"，所以要等到椰汁温热时才放入酵母。

芋头糕

原料

黏米粉200克，糯米粉300克，清水400毫升，芋头230克，虾米40克，红葱头30克

调料

盐4克，细砂糖10克，生抽10毫升，胡椒粉3克，五香粉2克，食用油15毫升

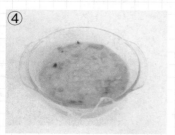

做法

1 虾米泡水，芋头洗净切成丝，红葱头切碎，一起装入碗中。

2 热锅注油烧热，倒入红葱头、虾米、芋头，翻炒匀，倒入全部调味料后翻炒入味。

3 糯米粉、黏米粉倒入碗中，倒入清水调和成粉浆，将炒好的芋头倒入粉浆中，充分拌匀，倒入垫上保鲜膜的碗中，倒入糕浆铺平。

4 放入烧开的蒸锅内蒸20分钟至熟，取出后放凉脱模，修去四边，切片即可。

小贴士

蒸好的芋头糕也可以切片煎制而食，更是具有另一番风味。

莲蓉煎堆

 烹饪时间
14分钟

原料

糯米粉500克，澄面150克，莲蓉100克，白芝麻适量

调料

食用油50毫升，白糖150克

小贴士

包裹生坯时口子一定要捏紧，以免煎制的时候露馅。

做法

1 糯米粉混合白糖，分数次加入少许清水、食用油，拌匀，揉搓成纯滑的糯米面团。

2 澄面中加沸水，拌匀成面糊，将面糊揉搓成面团。

3 加入糯米面团，反复揉搓，搓成纯滑的面团，取部分面团搓成长条，切数个小剂子。

4 将小剂子捏成半球面状，放入适量莲蓉，收口捏紧，搓成圆球，制成生坯，将小剂子裹上白芝麻。

5 热锅注油烧至六成热，关火放生坯，浸油4分钟。

6 大火煎约2分钟至焦黄色，捞出煎好的莲蓉煎堆，沥干油分，装入盘中即可。

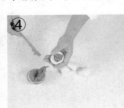

三丝炸春卷

烹饪时间
10分钟

原料

木耳丝35克，韭黄段40克，胡萝卜丝60克，魔芋丝70克，肉末80克，香菇丝45克，低筋面粉30克，春卷皮数张

调料

盐3克，白糖3克，鸡粉3克，蚝油5克，芝麻油4毫升，生粉4克，食用油适量

做法

1 肉末中放盐，搅拌，加入香菇、木耳、胡萝卜、韭黄、魔芋，放白糖、鸡粉、蚝油、芝麻油、少许生粉，拌匀，制成馅料。
2 低筋面粉加少许清水，搅成糊状。
3 取适量馅料放在春卷皮上，两边向中间对折。
4 包裹好，抹上少许面糊封口，制成生坯。
5 热锅注油烧至五六成热，放入春卷生坯，炸至表皮呈金黄色。
6 把炸好的春卷捞出，沥干油分，装盘即可。

①

③

④

⑤

蟹柳紫菜卷

烹饪时间
15分钟

原料

瘦肉丁300克，肥肉丁80克，虾仁50克，蟹柳80克，寿司紫菜数张，碱水2毫升

调料

盐3克，白糖3克，鸡粉3克，生抽3毫升，生粉4克，猪油10克，食粉、花生酱、芝麻油各适量

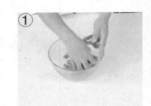

做法

1 瘦肉丁中加入盐、少许碱水，拌匀，腌渍1小时，洗净后装于碗中，加食粉、花生酱，拌匀。

2 加少许清水，搅至起胶，放入盐、白糖、鸡粉、生抽、生粉、肥肉丁、猪油、芝麻油，拌匀，制成馅料。

3 取紫菜片铺平，放上适量馅料。

4 放上蟹柳，再加适量馅料，卷起，制成紫菜卷生坯。

5 把生坯放入烧开的蒸锅，大火蒸10分钟，取出。

6 将蒸好的紫菜卷切成段，装入盘中即可。

小贴士

紫菜上不宜放过多的馅料，否则不宜卷成卷，且易露馅。

榴莲酥

原料

面粉450克，鸡蛋1个，鲜榴莲肉200克，黄油150克，猪油260克

调料

白砂糖25克

做法

1 将250克面粉、鸡蛋液、白砂糖、10克猪油混合，加入适量清水，搅拌均匀，揉到出筋，和成水油面团。

2 将剩余的200克面粉和250克猪油、黄油混合，揉搓抓拌成团，成为油酥面团。

3 将和好的两块面团用保鲜膜包好，放入冰箱冷藏室冷藏10分钟。

4 取油皮料30克在案板上按扁，用擀面杖擀成圆皮，中间包裹好20克油酥，再次按扁擀成牛舌状，将牛舌状面片卷成卷，横放在案板上，再次用擀面杖擀成牛舌状，再次卷成卷，竖着放在案板上压扁，用擀面杖擀成圆皮。

5 在圆皮中心包入25克榴莲肉包好，收口向下放在案板上。

6 中火烧热锅中的油至六成热，放入包好的榴莲酥生坯炸至金黄色捞出，沥去多余的油分即可。

小贴士

可以用烤的方式代替油炸。

255

叉烧酥

烹饪时间
75分钟

原料

水皮：中筋面粉250克，猪油15克，全蛋50克，清水100毫升，细砂糖40克

油心：低筋面粉130克，猪油70克

馅料：叉烧适量、芝麻少许

小贴士
收口要捏紧，以免漏馅。

做法

1 中筋面粉过筛，在中间加入细砂糖、猪油、全蛋、清水，拌至细糖溶化，拌入面粉，搓成纯滑面团。

2 用保鲜膜包起，稍作松弛备用，油心部分材料混合搓匀备用。

3 将水皮油心按3：2比例分切成小面团，用水皮包入油心，擀压成薄酥皮，卷起成条状。

4 然后折起成三折，再擀压成薄片酥皮状。

5 包入叉烧馅，捏成三角形，排入烤盘，扫上蛋黄。

6 撒上芝麻装饰，入炉以上火180℃、下火150℃烘烤至浅金黄色熟透出炉即可。

萝卜酥

烹饪时间
30 分钟

原料

面粉、白萝卜、黄油各适量

调料

盐3克,食用油适量

做法

1 面粉、黄油加入清水和匀成面团;白萝卜去皮洗净后切碎,加盐炒熟成馅料。

2 将面团揉匀,擀成薄面皮,折叠成多层后切成方块,包入馅料,捏成型。

3 油锅烧热,放入备好的材料烤至酥脆即可。

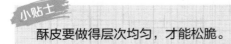
小贴士

酥皮要做得层次均匀,才能松脆。

香煎芋丝饼

烹饪时间 33分钟

原料

香芋丝400克，生粉100克，火腿粒60克，肉胶100克，白芝麻20克，虾米40克

调料

盐3克，鸡粉3克，五香粉少许，食用油适量

做法

1 香芋丝中加入虾米、火腿粒、五香粉、鸡粉、盐、生粉、肉胶，搅匀，制成馅料。

2 取一盘子，覆上一层保鲜膜，倒入馅料，涂抹平整，撒上一层白芝麻，制成生坯。

3 把生坯放入烧开的蒸锅，中火蒸30分钟，取出，放凉。

4 用刀将香芋饼切成小方块。

5 用油起锅，放入香芋饼，煎出焦香味。

6 翻面，煎至焦黄色，把煎好的香芋饼盛出装盘即可。

小贴士

猪瘦肉剁成肉泥后，加盐、鸡粉、生抽等搅匀调味，搅拌成胶状即成肉胶。

①

②

⑤

⑥

玉米煎鱼饼

烹饪时间 14分钟

原料

鲮鱼肉泥500克，肥肉丁100克，食用油30毫升，生粉35克，马蹄粉20克，陈皮末10克，食粉3克，鲜玉米粒80克，葱花少许

调料

盐2克，鸡粉2克，芝麻油3毫升，食用油适量

做法

1 食粉加少许清水搅匀，加入鱼肉泥里，搅拌至起浆，放盐、鸡粉、少许清水，搅匀，加入陈皮、葱花，拌匀。

2 将生粉与马蹄粉混合，加少许清水，搅匀，加入鱼肉泥中，加入肥肉丁、食用油、芝麻油，拌匀，制成丸子馅。

3 取适量馅料装入碗中，加入玉米粒，搅匀，制成鱼饼馅。

4 把馅料捏成丸子状，装入垫有笼底纸的蒸笼里，把圆形模具套入丸子里，将丸子压成圆饼状生坯。

5 将生坯放入烧开的蒸锅，大火蒸10分钟，取出。

6 用油起锅，放入鱼饼，煎出焦香味，翻面，煎至焦黄色，把煎好的鱼饼盛出装盘即可。

小贴士

煎鱼饼时要及时翻面，以免将鱼饼煎煳。

猪脚姜

 烹饪时间
68分钟

原料

猪蹄块220克，生鸡蛋2个，姜片少许

调料

盐3克，老抽3毫升，料酒6毫升，甜醋、食用油各适量

小贴士

出锅前可将蛋壳敲裂，浸泡一会儿，使鸡蛋更入味。

做法

1 锅中注清水烧开，放入洗净的猪蹄块，汆煮一会儿，去除血渍后捞出，沥干水分。

2 砂锅置火上注入食用油，烧热后撒上姜片，爆香。

3 放入汆好的猪蹄块，炒香，淋入少许料酒，炒匀。

4 倒入备好的甜醋，注入适量清水，放入生鸡蛋，加入老抽、盐，搅匀。

5 烧开后转小火煮约65分钟，至食材熟透。

6 轻轻搅拌几下，关火后盛出煮好的菜肴，装在碗中，稍微冷却后食用即可。

蚝仔烙

 烹饪时间
5分钟

原料

蚝仔250克，鸡蛋280克，地瓜粉30克，葱20克

调料

鱼露10克，胡椒粉3克，生粉10克，食用油适量

小贴士

蚝仔要选择新鲜的、个头饱满的，口感会更好。

做法

1. 蚝仔中放入生粉，注入适量清水，把蚝仔清洗后捞出，沥干水分，装盘待用。
2. 地瓜粉放入碗中，注入饮用水搅拌均匀。
3. 葱切成葱花；将鸡蛋打入碗中，打散调匀；将蚝仔放入蛋液中，注入地瓜粉液。
4. 加入葱花，撒入胡椒粉，使用筷子搅拌均匀。热锅中注油，捞1勺食材放入锅中，把两面煎好后装入盘中即可。

 ①
 ②
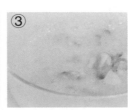 ③
 ④

糖冬瓜

烹饪时间
10分钟

原料

冬瓜1个

调料

白糖适量

做法

1 将冬瓜去皮，除去内部和瓜籽，切成4~5厘米厚的长方块。

2 锅中注水烧开，放入冬瓜烫5~10分钟，烫至冬瓜肉质透明时捞出。

3 将烫好的冬瓜在清水中冲洗干净后，压除水分。

4 把冬瓜条放在日光下晒至半干，加入白糖拌匀，浸渍半天后，再晒3天即成。

小贴士

可用制作好的糖冬瓜泡成冬瓜茶。

广式肠粉

烹饪时间
4分钟

原料

粘米粉120克，澄粉20克，猪肉末80克，葱花少许，菜心适量

调料

玉米淀粉6克，生粉1克，盐1克，白糖、生抽、蚝油各少许，花生油适量，温水250毫升

做法

1 粘米粉、澄粉、玉米淀粉倒入碗中，加入少许盐，加温水调成米浆，静置15分钟，待米粉完全吸收水分，这样蒸出的肠粉更滑更爽。

2 猪肉末调入盐、蚝油、生抽、生粉、花生油，顺一个方向搅拌至上劲；洗净的菜心入热水中，焯熟待用。

3 锅中水烧开，放上蒸架，放上空盘蒸热，取出再刷上油。

4 将葱花和猪肉末均匀铺在盘中，倒上1勺粉浆，晃动盘子使盘底都铺有米浆。

5 快速将盘子放入大火烧开的锅中，蒸约2分钟后看到粉浆成型并鼓起来。

6 关火后用刮板轻轻铲起，装入盘中，依次淋上花生油、生抽，摆上菜心即可。

蒸粉期间要保持盘子平行及大量的水蒸气。另外，肉末中可根据喜好添加一些蛋液、虾仁等其他食材。

荞头

烹饪时间
35 分钟

原料

荞头600克，清水200毫升

调料

盐1勺，细砂糖150克，白醋200毫升

做法

1. 把荞头洗净，去头去尾及外膜，加少许盐拌匀，腌约30分钟再沥干水分备用。
2. 锅中注水烧开，加入盐、细砂糖煮溶，待凉后加入白醋拌匀。
3. 将荞头放入干净的玻璃罐中，加入煮好的醋汁，盖过荞头，腌泡。
4. 密封盖子约3个月即可食用。

若喜欢食用辣味者，可加入一些小米椒同时腌渍。

猪肉脯

原料

猪肉500克

调料

白糖1勺，生抽1勺，花
雕酒2勺，盐、鸡粉各
适量，蜂蜜3勺，白胡
椒粉少许

做法

1 将猪肉用搅肉机搅碎。

2 加入白糖、生抽、白胡椒粉、盐、鸡粉、花雕酒调味，慢慢分次加入清水，顺着1
个方向搅打上劲。

3 烤盘上铺好锡纸，锡纸上放上搅匀的猪肉糜，覆上保鲜膜，用擀面杖擀压，越薄越好。

4 拿开保鲜膜，在肉糜的表面刷上蜂蜜。

5 烤箱预热200℃，放入烤盘，烤5~8分钟后取出，翻面，换1张锡纸，另一面也刷一
层蜂蜜，再次送入烤箱烤5~8分钟。

6 将两面水分烤干，均烤成金黄色，即可出炉，待冷却后剪成合适的大小即可。

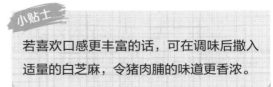

小贴士

若喜欢口感更丰富的话，可在调味后撒入
适量的白芝麻，令猪肉脯的味道更香浓。

265

咖喱鱼蛋

烹饪时间
20 分钟

原料

鱼丸5颗，清水250毫升

调料

咖喱块2块，咖喱粉1勺

做法

1　锅中注入清水，放入咖喱块与咖喱粉。

2　小火慢煮至咖喱块溶化。

3　加入鱼丸煮15分钟，使其煮至入味。

4　取出装盘即可。

食用时可加入适量的泰式辣酱、番茄酱，味道更好。

撒尿牛丸

原料

牛前腿肉500克，姜葱水50毫升，猪皮30克，皮皮虾250克，姜片少许

调料

盐1勺，生粉3勺，水淀粉5毫升，料酒4毫升，胡椒粉适量

做法

1 把牛肉放入冰箱冷冻2~3小时，去掉筋膜，然后切成薄片。

2 用搅拌机把牛肉片搅成肉泥，牛肉韧劲比较大，搅拌过程中可以加入姜葱水。

3 在搅好的牛肉糜中加入盐、胡椒粉、生粉、水淀粉。

4 皮皮虾放入烧开的水中烫熟，剥壳取肉，切成小丁；猪皮放入高压锅中加水、料酒、姜片，压30分钟，放入冰箱中冷藏2小时成猪皮冻，切成小丁。

5 取适量肉糜放在掌心，然后挤出1个丸子，在丸子中放入猪皮冻和虾肉，封口，揉圆。

6 锅中注水烧至七成热，把捏好的丸子立刻下锅，小火慢煮，让它快速定型，待浮起后即可食用。

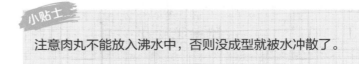

小贴士

注意肉丸不能放入沸水中，否则没成型就被水冲散了。

广东油条

烹饪时间
5分钟

原料

高筋面粉500克，盐4克，酵母5克，泡打粉5克，鸡蛋2个，臭粉5克，食粉5克

调料

食用油40毫升

小贴士

臭粉是食品膨松剂，制作油条时加少量臭粉即可。

做法

1 鸡蛋中加入臭粉、盐、食粉、水溶酵母，搅匀。

2 倒入面粉、泡打粉、食用油，加少许清水，搅成面团，盖上干净的毛巾，发酵1小时。

3 将发酵好的面团取出，拉扯成长条状，盖上干净的毛巾，松面10分钟。

4 取一段面团，擀至扁平，盖上毛巾，松面10分钟。

5 用刮板切数个宽度均等的条状剂子，取两个剂子叠好，用竹签在中间压上一道痕，制成生坯。

6 锅注油烧至六成热，生坯适当拉长后放入油锅中，炸至金黄色，即成油条，夹出装盘即可。

奶油玉米棒

原料

新鲜甜玉米棒3根

调料

黄油15克，三花淡奶
200毫升

做法

1 将玉米棒洗干净，用刀切成小段。
2 放入锅里，加清水，刚刚没过玉米即可，加入三花淡奶
  和黄油。
3 大火煮开，然后改小火慢煮半小时。

小贴士

喜欢口味甜的，可以加适量白砂糖同煮。

烤红薯

原料

红薯适量

做法

1 红薯清理表面，烤盘垫上锡纸，放上红薯。
2 放入烤箱中层。
3 烤箱上下火250℃，根据红薯大小调整烘烤时间30分钟
   ~2小时，烤至红薯表面流油即可。

红薯不用冲洗，洗过之后会有水汽，口感不好。

糖炒栗子

 烹饪时间
60~130 分钟

原料

栗子500克

调料

海盐500克，白糖10克

做法

1 栗子洗净，在尾端用小刀切1个口子，在清水里泡10分钟，沥干。

2 在无水无油的平底锅中倒入海盐和沥干的栗子。

3 慢慢翻炒，注意要使栗子受热均匀，否则生熟会不一致。

4 待栗子涨开后，加快翻炒频率，盐色渐渐变深，慢慢把白糖均匀地加入锅中。

5 炒至糖分焦化、盐发黏，渐渐变成黑色，不断快速翻炒，铲子从锅底插入翻起，保证焦糖不粘锅底。

6 炒到盐粒不发黏，关火，盖上盖子闷一会，用漏勺将栗子沥出即可。

小贴士

栗子需要受热均匀。局部受热容易烧焦，并可能引起爆炸。

蛋散

烹饪时间
1分钟

原料

高筋面粉250克，全蛋1个，蛋黄2个，黑芝麻适量

调料

盐3克，猪油适量

做法

1 全蛋和蛋黄打散，倒入高筋面粉中混合成面团，用湿布盖住，静置半小时。

2 将松弛好的面团揉成光滑的面团，分成等量的小剂子，用擀面杖把小剂子擀成面片，把面片擀至云吞皮一样的厚度。

3 将面片裁剪成长宽为9厘米×9厘米的大小，中间切成两半，两张重叠起来。

4 再在中间划一刀，不要切断，从顶部向下翻，再从中间刀口那里穿过来。

5 热锅注油烧热，放入面片，炸至变淡金黄色即可。

6 将炸好的蛋散沥干油分，装盘即可。

 小贴士

炸蛋散的过程只需要几十秒，千万不能炸过火，不然有股焦味就不好吃了。

油角

原料

低筋面粉200克，猪油30克，鸡蛋1个，花生、芝麻、椰蓉、白糖各适量

调料

花生油10毫升

做法

1. 将花生、芝麻炒香后，放凉，花生装入食品袋中，捣碎，倒入碗里，加芝麻、椰蓉和白糖拌匀。

2. 猪油隔水加热溶化；鸡蛋打散，与猪油混匀，面粉过筛分次加入蛋液中，搅匀，揉搓至光滑的面团。

3. 将面团分为等量的小剂子，用擀面杖擀成圆形面皮，放入适量馅料，对折面皮，沿边一路锁边，捏成麻绳状，制成油角生坯。

4. 锅中注油烧热，将油角生坯放入热油中，中火炸至金黄色，捞出，沥干油分即可。

面皮要擀成厚薄适中，否则不宜熟。

咸水角

烹饪时间 15分钟

原料

面皮：糯米粉500克，澄面150克，猪油75克，食用油50毫升，白糖150克，开水150毫升

馅料：虾米30克，猪肉粒90克，叉烧肉粒90克，榨菜粒50克，水发香菇粒40克，韭菜粒60克

调料

盐、鸡粉各3克，水淀粉、生抽、食用油各适量

小贴士

在炸咸水角时，不停地用筷子或勺子翻动，让咸水角每个部位都能熟透。

做法

1. 锅中注入清水烧开，放入猪肉粒，余煮至转色，捞出沥干水分，待用。
2. 倒入香菇粒、榨菜粒，焯煮片刻，捞出沥干水分。
3. 用油起锅，倒入虾米、叉烧肉粒、猪肉粒、香菇粒、榨菜粒，炒匀。
4. 加入鸡粉、盐、清水、生抽、水淀粉，翻炒约2分钟至熟，加入韭菜粒，拌匀，制成馅料。
5. 糯米粉与白糖混匀，分数次加入少许清水、食用油，拌匀，揉搓成纯滑的糯米面团。
6. 澄面中加入适量沸水，搅拌均匀，制成面糊，揉搓成纯滑的面团。
7. 加入糯米面团，反复揉搓，搓成纯滑的面团，搓成粗长条，切数个小剂子。
8. 小剂子捏成半球面状，放馅料，收口，放入热油，关火浸4分钟，中火炸2分钟呈焦黄色，捞出沥油即可。

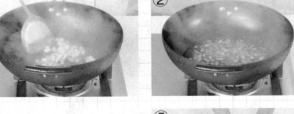

笑口枣

烹饪时间
6分钟

原料

水50毫升，低筋面粉125克，食粉3克，白醋3毫升，食用油10毫升，白芝麻适量

调料

白糖70克

小贴士

将生坯沾点水，这样就比较容易粘上芝麻。

做法

1 把低筋面粉倒在案台上，用刮板开窝，倒入白糖、食用油、食粉、白醋、水，拌匀。

2 将材料混合均匀，揉搓成纯滑的面团，把面团对半切开，取其中一半，揉搓成条，切成小剂子，用手将小剂子搓圆。

3 沾上少许水，均匀地裹上白芝麻，搓圆，制成笑口枣生坯，装盘备用。

4 把剂子搓成球状，裹上白芝麻，制成生坯。

5 用油起锅，依次放入笑口枣生坯，用小火炸3分钟至其呈金黄色。

6 用筷子取出炸好的笑口枣，沥干油，装入盘中。

钵仔糕

烹饪时间
15 分钟

原料

木薯粉250克，澄面粉少许，红豆80克

调料

白砂糖80克

做法

1　将白砂糖加400毫升水煮溶，放凉后待用。

2　木薯粉与澄面粉混合过筛，将糖水倒入粉中，搅拌均匀。

3　红豆放入锅中，煮至开花，待凉后沥干水分，放入备好的模具中。

4　将木薯粉浆倒入装有红豆的模具中，放入蒸锅中蒸15分钟至熟，取出即可。

小贴士

可以把红豆换成菠萝、椰果等食材，味道更丰富。

蛋挞

原料

牛奶90毫升，炼奶5克，动物性淡奶油100克，低筋面粉5克，蛋黄30克，玉米淀粉2克，蛋挞皮 8个

调料

细砂糖10克

做法

1 奶锅置于小火上，倒入牛奶、动物性淡奶油、细砂糖、炼奶。

2 不断搅拌，加热至细砂糖全部溶化，关火凉2分钟。

3 将蛋黄拌匀成蛋黄液，慢慢加入牛奶中，边加入边搅拌均匀。

4 筛入面粉和玉米淀粉搅拌均匀，用筛网将蛋挞液过滤一次，放凉备用。

5 预热烤箱220℃，准备好蛋挞皮，将放凉的蛋挞液倒入蛋挞皮，约八分满即可。

6 将烤盘放入烤箱中上层，烤约15分钟至熟，取出烤好的蛋挞，装入盘中即可。

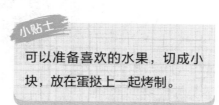

小贴士

可以准备喜欢的水果，切成小块，放在蛋挞上一起烤制。

糖不甩

烹饪时间
10分钟

原料

糯米粉160克，粘米粉40克，水180毫升，生姜3片，花生碎50克，黑白熟芝麻适量

调料

红糖50克，白糖30克

做法

1 将糯米粉和粘米粉混合后，加130毫升水混合成光滑的糯米面团，搓成15克左右的小圆子备用。

2 将圆子放到水中煮至漂浮。

3 另起一锅，加入红糖和50毫升水，搅拌至糖溶化，加入3片姜片，煮出香味后捞出。

4 将熟花生仁压碎，加入白砂糖和黑白芝麻，拌匀。

5 煮好的小圆子直接捞到糖汁中，小火煮片刻，使糖汁均匀裹满圆子，待糖汁浓稠后关火。

6 将圆子装盘，撒上增香的配料即可。

小贴士

花生碎和芝麻越多，吃起来会越香。

芒果糯米糍

烹饪时间
25 分钟

原料

芒果2个，牛奶100毫升，椰浆100毫升，糯米粉120克，玉米淀粉30克，无盐黄油15克，椰蓉适量

调料

糖粉35克

做法

1 黄油隔水加热溶化；芒果切成大丁，备用。

2 将牛奶、椰浆、糯米粉、糖粉、玉米淀粉倒入碗里，用手动打蛋器搅拌均匀至无颗粒。

3 把溶化成液体的黄油倒进拌匀的面糊里，拌至看不到油。

4 把面糊倒到1个干净的瓷碗里，水沸腾后大火蒸10~15分钟至熟透。

5 蒸好的糯米团刮出来放入干净的碗里，盖上保鲜膜冷却。

6 糯米团揪成一小块，揉圆压扁（中间厚，两边薄），包入1块芒果丁，捏紧搓圆，最后裹上椰蓉即可。

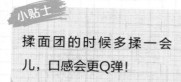

小贴士

揉面团的时候多揉一会儿，口感会更Q弹！

榴莲班戟

烹饪时间
35分钟

原料

榴莲肉200克，无盐黄油100克，牛奶250毫升，玉米淀粉30克，淡奶油300克，鸡蛋3个，低筋面粉50克

调料

食用油适量，糖粉45克

做法

1 无盐黄油隔水溶化；牛奶倒入碗中，再加入低筋面粉、25克糖粉、玉米淀粉搅匀。

2 鸡蛋打散，加入面糊中，搅拌均匀后过筛。

3 把小部分面糊倒入黄油里进行乳化，乳化后再倒回面糊里混合均匀。

4 待面糊里气泡消失后开始煎饼皮，平底锅不沾水小火预热，倒入少量食用油开始煎饼皮，晃匀面糊，单面煎熟。

5 煎好的饼皮层叠起来用油纸包好放入冰箱冷藏30分钟；淡奶油加20克糖粉打至硬性发泡；榴莲肉压成榴莲肉泥。

6 拿出1张饼皮，光滑面朝下，放入打发好的淡奶油和榴莲肉，包好即可。

小贴士

煎面糊的时候最考功夫，要小心煎，先薄薄一层，然后可以慢慢加厚。

①

③

④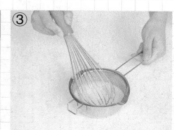

⑤

⑥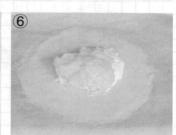

杏仁核桃酥

 烹饪时间 20 分钟

原料

低筋面粉500克，蛋黄1个，臭粉2克，食粉3克，西杏片40克，核桃仁40克，蛋黄1个

调料

白糖250克，食用油50毫升

先将烤箱预热好，再放入生坯进行烘烤，这样可以烤出口感细腻、外形饱满的酥饼。

做法

1 低筋面粉中加入白糖，混匀，倒入鸡蛋、食粉、臭粉，加少许清水，搅匀。

2 倒入食用油，刮入面粉，混合均匀，分数次加入少许清水，搅匀，搅成糊状，把面糊揉搓成光滑的面团。

3 取适量面团压扁，放上核桃仁、西杏片，揉搓成长条状，切成数个大小均等的生坯。

4 把生坯装入蛋糕纸杯中，再逐个放上少许西杏片，放入烤盘里。

5 把烤箱上下火均调为160℃，预热5分钟，放入生坯，关上箱门，烘烤6分钟至熟透。

6 把杏仁核桃酥取出，逐个刷上一层蛋黄，再放入烤箱，再烤2分钟，取出，装入盘中即可。

鸡仔饼

表皮

麦芽糖175克，砂糖75克，碱水4毫升，低筋面粉250克，清水70毫升，蛋液适量

内馅

砂糖260克，南乳、蒜蓉各30克，白酒30毫升，芝麻、花生碎各60克，糕粉、蛋糕碎各125克，冰肉450克，五香粉、盐、胡椒粉各6克

做法

1 将表皮材料中的麦芽糖、砂糖、碱水、清水拌匀，再将面粉拌匀备用。

2 内馅中的所有材料混合，拌匀成馅料。

3 将面皮擀薄，包入馅料，分切成小份生坯。

4 将生坯搓成长条状，分切成小饼坯团。

5 均匀排入烤盘，用手掌稍压扁。

6 扫上蛋液，以上火180℃、下火140℃烘至浅黄色熟透即可。

小贴士

烤盘中的饼之间需有距离，否则烘烤后会膨胀而粘在一起。

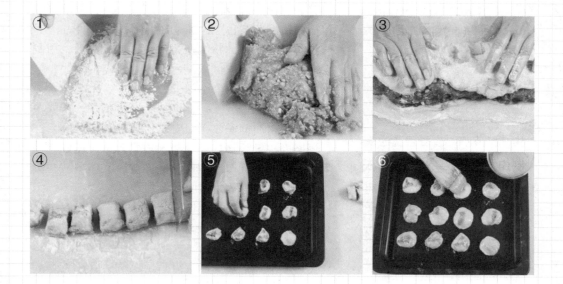

老婆饼

 烹饪时间
20 分钟

低筋面粉400克，猪油50克，蛋黄液、白芝麻各适量，泡打粉5克，苹果1个，红豆沙90克

（调料）

白糖20克

 小贴士

中式酥皮点心喜爱用猪油来制作，起酥效果好，香气浓郁。如果没有猪油，也可用黄油代替。如果连黄油也不想用，就用植物油吧！等量替代即可。

（做法）

1 苹果去皮，去内核，切碎；取一碗，放入苹果碎、白糖、红豆沙，拌匀，制成馅料；将部分低筋面粉倒在案台上，加猪油混匀，揉成面团。

2 将剩余的低筋面粉倒在案台上，加入白糖，用刮板开窝，分几次倒入清水，揉成纯滑的面团，搓成长条，摘取数个小剂子。

3 把猪油面团搓成长条，切成数个小剂子，擀成薄皮，将猪油剂子放在面皮上，收口，捏成球状。

4 用擀面杖把面球擀平，将面皮卷起来，压成小面团，擀成中间厚、四周薄的面皮，取馅料放在面皮上，收口捏紧，搓成球状。

5 轻轻压成饼状，制成饼坯，将饼坯放在烤盘中，逐个刷上一层蛋黄液，再在饼的表面逐个压两道口子，撒上白芝麻。

6 将饼坯放入烤箱，以上火175℃、下火170℃烤约15分钟至熟，取出烤好的老婆饼，装入盘中即可。

莲蓉蛋黄月饼

 烹饪时间
50分钟

原料

低筋面粉500克，莲蓉200克，咸蛋黄3个，碱水、蛋黄各适量

调料

糖浆400毫升，花生油200毫升

咸蛋黄放入白酒中泡一会，可起到杀菌、去腥的作用。

做法

1 将莲蓉搓成长条，切成数个小段，揉成圆球，稍微压平，放入咸蛋黄，收口，包严实，揉搓成球状。

2 低筋面粉装碗，加入糖浆、碱水、花生油，搅匀，用保鲜膜封口，饧30分钟。

3 取饧好的面团，揉搓成长条状，切成小剂子，压平，放入咸蛋黄莲蓉馅，将面皮收口，制成生坯。

4 将生坯放入月饼压模里，压成月饼生坯，放入烤盘中，在月饼生坯表层刷上蛋黄。

5 放入烤箱中，以上火200℃、下火170℃烤15分钟。

6 取出烤盘，将烤好的月饼装入盘中即可。

紫薯冰皮月饼

烹饪时间
50分钟

原料

冰皮：粘米粉50克，糯米粉50克，澄粉30克，炼奶30克，糖粉50克，玉米油30克，纯牛奶230克

馅料

紫薯2个（500克左右），糕粉40克（80克糯米粉炒至发黄即可），玉米油、炼奶各少许

小贴士

晾凉后的冰皮面糊，揉搓时间越长，口感越细腻。

做法

1 粘米粉、糯米粉、澄粉、糖粉装碗，加纯牛奶、玉米油、炼奶打匀，即成冰皮面糊。

2 紫薯去皮切片装盘，覆上保鲜膜；冰皮面糊装盘，封上保鲜膜；放入烧开的电蒸锅中，蒸25分钟。

3 将糯米粉倒入不粘锅中，炒香，盛出；取出蒸好的紫薯和冰皮面糊，画上格子有助于散热，用橡皮刮刀将碗底的冰皮面糊刮下。

4 将蒸好的紫薯用捣泥器捣成紫薯泥，紫薯泥倒入锅中加热，放玉米油，炒匀，关火，加40克糕粉、炼奶混匀，盛出。

5 冰皮面糊揉成面团，封上保鲜膜；逐个将馅料和冰皮称好25克每份，将每份搓圆。

6 冰面皮擀平，紫薯馅放在面皮中间，封口，在糕粉中滚一圈，成月饼坯，取模具，放入月饼坯，压出形状即成。

西多士

原料

吐司2片，鸡蛋1个，黄油1小块

调料

糖浆适量，食用油适量

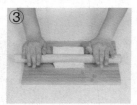

做法

1 吐司切去边。
2 鸡蛋打入碗中，拌匀成蛋液。
3 将两片吐司叠在一起，用擀面杖压平，使其贴合。
4 将吐司双面蘸取蛋液。
5 平底锅中注油烧热，放入吐司，小火煎至两面金黄。
6 将煎好的吐司沥油，装入盘中，放上一小块黄油，淋上糖浆即可。

小贴士

煎好的西多士有较多的油分，可用厨房用纸吸去多余的油分。

鸡蛋仔

原料

鸡蛋100克，清水100毫升，低筋面粉140克，玉米淀粉20克，泡打粉4克

调料

白砂糖80克，玉米油50毫升

做法

1 将低筋面粉、玉米淀粉、泡打粉过筛备用。

2 鸡蛋打入1个较大的盆中，放入白砂糖后用打蛋器将其打发。

3 加入清水、玉米油，用打蛋器搅匀。

4 将过筛的粉类倒入蛋浆中，将其拌匀后，静置15分钟。

5 将鸡蛋仔模具放在燃气灶上预热，接着刷上一层油，用勺子舀取适量的蛋糊倒入模具的凹槽中，倒满即可。

6 合上模具后，翻一下面，加热30秒，接着再翻个面烤1~3分钟，然后另一面也再烤1~3分钟，取下，稍微凉透即可。

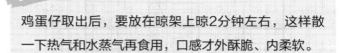

小贴士

鸡蛋仔取出后，要放在晾架上晾2分钟左右，这样散一下热气和水蒸气再食用，口感才外酥脆、内柔软。

港式奶茶

原料

淡牛奶100毫升，红茶40克，冰块适量

调料

白糖20克

做法

1 将红茶倒入锅中煮开。

2 滤出茶叶。

3 加入淡牛奶、白糖搅匀。

4 待冷却后倒入杯中，加入冰块即可。

小贴士

还有更方便的方法是直接用炼奶兑匀红茶，味道一样香甜顺滑。

浓味鸳鸯

烹饪时间
4分钟

原料

淡牛奶100毫升，红茶
40克，黑咖啡适量

调料

白糖20克

做法

1 红茶放入锅中煮开，滤出茶叶。

2 加入淡牛奶、白糖搅匀。

3 将奶茶倒入杯中，加入适量的黑咖啡，搅匀即可。

小贴士

黑咖啡的品种可以依据个人口味选择酸一些或苦一
些的，与奶茶拌匀后会提升一种独特的香味。

红豆冰

烹饪时间
10 分钟

（原料）

红豆、冰块各适量，雪糕1杯

（调料）

炼奶少许

（做法）

1 红豆放入锅中，煮至开花，放凉备用。

2 炼奶用水冲开，放凉备用。

3 冰块制成碎冰。

4 将红豆装入杯中至五分满，放入碎冰，倒入冲开的炼奶至八分满。

5 雪糕挖球，放入杯中。

6 点缀上少许红豆即可。

（小贴士）

若觉得炼奶较甜，可换成椰奶代替，会有独特的椰香味。

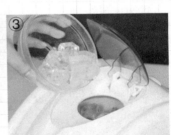

咸柠七

原料

雪碧500毫升，柠檬45克，话梅2颗

调料

盐3克

做法

1 洗净的柠檬切成片。

2 将柠檬片放入备好的碗中，放入盐，拌匀，腌渍10分钟。

3 将腌渍好的柠檬片放入雪碧里，放入话梅即可。

小贴士

饮用前放入冰箱冷藏片刻，口感会更好。

上汤牛腩面

生滚鱼片粥

第5章

尝花样主食

除了美味的菜肴，主食的百变花样也是粤菜的特色之一，色香味俱全的包子、粥、米粉、面条、米饭……做出来的美味，让人难以忘怀。

贵妃奶黄包

 烹饪时间
10分钟

原料

低筋面粉500克，牛奶50毫升，泡打粉7克，酵母5克，奶黄馅适量

调料

白糖100克

 小贴士

包子皮需中间厚四周薄，这样才能包出匀称而不会露馅的奶黄包。

做法

1 把低筋面粉倒在案台上，开窝，加入泡打粉、白糖；酵母加牛奶搅匀，倒入窝中，加清水，和入面粉，混合均匀，揉成面团。

2 取适量面团，搓成长条，揪成数个均等的剂子，压成饼状，擀成包子皮。

3 取适量奶黄馅，放在包子皮上，收口，捏成球状生坯，粘上包底纸，放入蒸笼发酵1小时。

4 把发酵好的生坯放入烧开的蒸笼里，加盖，大火蒸6分钟，揭盖取出即可。

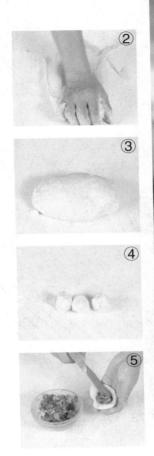

② ③ ④ ⑤

蜜汁叉烧包

 烹饪时间
10分钟

原料

叉烧肉片90克，叉烧馅80克，
面种500克，低筋面粉125克，
泡打粉12克，臭粉5克

调料

白糖125克

做法

1 叉烧馅放入叉烧肉片，拌匀，制成馅料。

2 把面种放在案台上，加入白糖，揉成纯滑的面糊。

3 加入泡打粉、低筋面粉，混匀，搓成光滑的面团。

4 取适量面团，搓成长条，揪成数个大小均等的剂
  子，把剂子压扁，擀成圆饼状面皮。

5 取适量馅料放在面皮上，收口，制成叉烧包生坯。

6 生坯粘上1张包底纸，放入蒸笼，放入烧开的蒸
  锅，大火蒸6分钟，把蒸好的叉烧包取出即可。

小贴士

面种是由低筋面粉与酵母按一定比例加清水揉搓成面团，经发酵而
制成。面种发酵时要用保鲜膜密封好，以免面团水分蒸发、流失。

303

腊肠卷

🍲 烹饪时间
73 分钟

原料

低筋面粉500克，酵母5克，白糖50克，腊肠段120克

调料

食用油适量

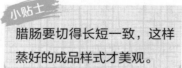

腊肠要切得长短一致，这样蒸好的成品样式才美观。

做法

1 将面粉、酵母倒在案板上，混匀，用刮板开窝，加入白糖，分数次加入清水，反复揉搓至面团光滑，制成面团，把面团放入保鲜袋中，静置约10分钟。

2 取出面团，搓成长条状，分成数个剂子，再把剂子搓成两端细、中间粗的面卷，待用。

3 将腊肠段逐一卷上面卷，即成腊肠卷生坯。

4 蒸盘刷上一层食用油，再摆放好腊肠卷生坯，放入蒸锅中，静置约1小时，使生坯发酵、涨开。

5 开火，水烧开后再用大火蒸约10分钟，至食材熟透即可。

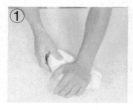 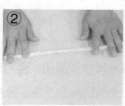  

雪山包

烹饪时间
210 分钟

原料

面皮：高筋面粉350克，酵母5.5克，盐3.2克，鸡蛋1个，水160毫升

酥皮：黄油、白糖、低筋面粉各25克，蛋清22克

做法

1 将面皮材料混合均匀，揉成光滑的面团，放置在温暖的地方发酵2小时，直至面团发酵膨胀2倍大。

2 将面条挤压排气，揉匀，分成12等份，分别揉圆，整齐地摆放在烤盘上，放进烤箱中，二次发酵1小时，直至面包胚胀大2倍。

3 黄油隔水加热溶化成液体，待凉后加入白糖、低筋面粉、蛋清混合均匀，成浆状。

4 将酥皮浆堆到面包胚上，不用抹平，在烘烤受热的过程中，它会自然向下流淌。

5 放入预热好的烤箱中层，以上、下火175℃烘烤20分钟。

6 取出装盘即可。

小贴士
蛋清不能直接放入热的黄油中，否则会受热凝固。

豆沙餐包

烹饪时间
45分钟

原料

高筋面粉250克，黄油35克，酵母4克，奶粉20克，蛋黄15克，豆沙、黑芝麻各适量

调料

白糖50克

做法

1 将高筋面粉倒在案板上，加上酵母和奶粉，开窝，撒上白糖，注入100毫升清水。

2 倒入备好的蛋黄，搅拌匀，放入黄油，用力地揉一会儿，至材料成纯滑的面团，待用。

3 取备好的面团，分成4个60克左右的小剂子，搓圆、压扁，再盛入适量的豆沙，包好，收紧口，搓成圆形生坯。

4 再分别放入4个蛋糕纸杯中，依次撒上黑芝麻，置于烤盘中，发酵30分钟。

5 烤箱预热，放入烤盘，关好烤箱门，上、下火均为170℃的温度烤约13分钟。

6 取出烤盘，将烤熟的豆沙餐包摆在盘中即成。

小贴士

生坯最好搓得圆一些，这样发酵好了之后，形状会更饱满。

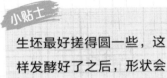

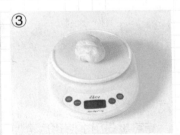

甘笋流沙包

原料

面皮：面粉500克，糖100克，泡打粉、酵母、胡萝卜各适量
馅料：咸蛋5个，黄油、糖各100克，粟粉70克，奶粉50克，甘笋适量

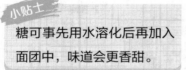

小贴士

糖可事先用水溶化后再加入面团中，味道会更香甜。

做法

1 面粉、泡打粉混合过筛，加入糖、酵母，加入胡萝卜与清水，打成泥糊状的甘笋汁，将糖搓溶化。

2 将面粉拌入，然后搓至面团纯滑，用保鲜膜包好，稍作松弛。

3 将面团分切成30克每个，压成薄皮备用。

4 先将咸蛋黄烤熟，再与其余材料混合成馅料。

5 用薄面皮将馅包入，将包口捏紧，排入蒸笼内稍作静置，然后用猛火蒸约8分钟即可。

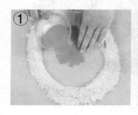

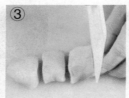

莲蓉包

烹饪时间
8分钟

原料

面皮：低筋面粉500克，泡打粉、酵母各4克，改良剂25克，白砂糖100克，清水225毫升

馅料：莲蓉适量

蒸时要注意火候，一定要用旺火，才能一气呵成，否则会影响口感。

做法

1 低筋面粉、泡打粉过筛开窝，加入糖、酵母、改良剂、清水，拌至糖溶化。

2 将面粉拌入搓匀，搓至面团纯滑，用保鲜膜包好，稍作松弛。

3 将面团分切成约30克每个的小面团后压薄。

4 将莲蓉馅包入。

5 把包口收捏紧成型，稍作静置后以猛火蒸约8分钟即可。

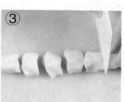

酥皮菠萝包

原料

面皮：高筋面粉500克，黄油70克，奶粉20克，细砂糖100克，盐5克，鸡蛋50克，水200毫升，酵母8克

酥皮：低筋面粉125克，细砂糖100克，黄油37克，泡打粉2克，盐1克，食粉1克，臭粉1克，水15毫升，蛋液适量

做法

面团的做法：

1 细砂糖、水混合，拌至溶化；高筋面粉、酵母、奶粉倒在案台上，用刮板开窝。

2 倒入糖水、鸡蛋混匀，并按压成型，揉搓成面团。

3 将面团稍微拉平，倒入黄油，揉匀，加入适量盐，揉搓成光滑的面团，用保鲜膜将面团包好，静置10分钟。

4 面团分成60克小面团，揉圆，放烤盘中，发酵90分钟。

酥皮的做法：

5 将低筋面粉倒在案台上，用刮板开窝，倒入水、细砂糖，拌匀。

6 加入盐、臭粉、食粉，混合均匀，倒入黄油，揉搓成纯滑的面团。

7 取一小块酥皮，用保鲜膜包好，用擀面杖将酥皮擀薄。

8 酥皮放在面团上，刷上蛋液，用竹签划上十字花形；将烤箱调为上下火190℃，烤15分钟至熟。

小贴士

在面包表层刷上蛋液，可使烤出来的面包颜色更好看。

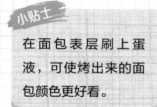

燕麦豆沙包

🍲 **烹饪时间**
8分钟

原料

面皮：低筋面粉、泡打粉、干酵母、改良剂、燕麦粉各适量

馅料：砂糖100克，豆沙馅适量

小贴士

可根据个人喜好来增减豆沙馅的用量。

做法

1 面粉、泡打粉过筛与燕麦粉混合、开窝，加入砂糖、酵母、改良剂、清水，搓至糖溶化。

2 将面粉拌入，搓至面团纯滑，用保鲜膜包好，松弛20分钟。

3 然后将面团分切成30克每个。

4 将面团用擀面杖擀压成薄皮，包入豆沙馅，将包口收紧成包坯。

5 将包坯放入蒸笼，稍静置一会儿后用猛火蒸约8分钟即可。

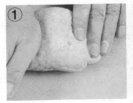   

状元及第粥

烹饪时间 43分钟

原料

猪肝200克，猪腰100克，粉肠100克，大米100克，姜丝、葱花各少许

调料

盐5克，鸡粉4克，料酒10毫升，生粉、胡椒粉、芝麻油、食用油各少许

做法

1 将洗净的粉肠切段，放入淡盐水中清洗干净；洗净的猪肝切片；猪腰打上刀花后切成片。

2 把粉肠、猪腰、猪肝放入碗中，加入鸡粉、盐，撒上姜片，再倒入料酒、生粉拌匀，腌渍一会。

3 砂煲中倒入适量清水，倒入洗好的大米，再放入少许食用油拌匀，煮约30分钟至大米成粥。

4 放入粉肠、猪肝、猪腰拌匀，再撒上姜丝拌匀，煮约10分钟。

5 加盐、鸡粉、胡椒粉、芝麻油拌匀，转小火，撒上葱花，取下砂煲即成。

荔湾艇仔粥

 烹饪时间
52 分钟

原料

鸡蛋1个，肉末50克，草鱼肉80克，叉烧肉50克，虾仁30克，大米300克，葱花少许

调料

盐2克，鸡粉1克，水淀粉6毫升，料酒、芝麻油各5毫升

做法

1 草鱼肉用斜刀切片；虾仁去除虾线；叉烧肉切成丁；鸡蛋打入碗中制成蛋液。

2 虾仁中放盐、料酒、水淀粉，拌匀，腌渍至入味；鱼肉里放盐、水淀粉，拌匀，腌渍至入味。

3 将蛋液煎成蛋皮，盛出，蛋皮切成丝，装盘待用。

4 砂锅中注入清水烧热，倒入大米拌匀，用大火煮开后转小火续煮40分钟。

5 倒入肉末、叉烧肉，转大火煮3分钟，放入腌好的虾仁，煮3分钟，再倒入腌好的鱼片，煮3分钟。

6 撒上葱花，放入切好的鸡蛋丝，加入鸡粉、芝麻油，拌匀调味，盛出煮好的粥，装入碗中，再撒上少许鸡蛋丝、葱花即可。

皮蛋瘦肉粥

烹饪时间
76分钟

原料

水发大米150克，瘦肉丝90克，皮蛋1个

调料

盐3克，鸡粉2克，料酒5毫升，水淀粉15毫升，食用油适量

做法

1 去壳的皮蛋切小块；洗净的瘦肉丝装碗，加入盐、鸡粉、料酒、水淀粉、食用油，腌渍10分钟。

2 泡好的大米倒入锅中，加入清水至水位线"1"。

3 按下"功能"键，调至"米粥"状态，煮成粥。

4 按下"取消"键，打开盖子，倒入切好的皮蛋。

5 放入腌好的瘦肉丝，搅拌均匀。

6 按下"功能"键，调至"米粥"状态，电饭锅自动煮至粥品入味，断电后将煮好的粥装碗即可。

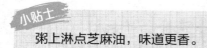
小贴士

粥上淋点芝麻油，味道更香。

窝蛋牛肉粥

烹饪时间
50 分钟

原料

牛肉100克，鸡蛋1个，生菜30克，大米200克

调料

盐5克，鸡粉3克，生抽、食粉、胡椒粉、芝麻油、水淀粉、食用油各适量

生菜宜最后放入，且放入生菜后不宜煮太久，否则会丧失其营养价值。

做法

1 生菜切成丝；牛肉切成片；将鸡蛋分离，蛋黄和蛋清分别装入小碟中。

2 将切好的牛肉片盛入碗中，加入少许食粉、生抽、盐、鸡粉、水淀粉、食用油，拌匀，腌渍10分钟至入味。

3 取砂锅，倒入适量清水，用大火烧开，放入淘洗好的大米，加食用油，搅拌，煮沸，用小火煮40分钟至熟烂。

4 放入牛肉，拌匀，小火煮5分钟至熟，加入盐、鸡粉、胡椒粉、芝麻油，拌匀调味。

5 倒入蛋清，拌匀，放入蛋黄，用锅勺在锅中盛住，保持其煮至成型。

6 放入生菜，用勺子拌匀，将砂锅取下灶炉即可。

318

生滚鱼片粥

🍲 烹饪时间 126 分钟

原料

生菜、鱼片各50克，水发大米100克，葱花3克，姜片适量

调料

盐、鸡粉各2克，食用油适量

做法

1 择洗好的生菜切成小段，待用。

2 鱼片装入碗中，放入盐、姜片、鸡粉，再注入食用油，拌匀，腌渍半小时。

3 备好电饭锅，倒入泡发好的大米，再注入适量的清水，按下"功能"键，调至"米粥"状态。

4 煲煮2小时，待大米煮好后，按下"取消"键，打开锅盖，加入生菜、鱼片，搅拌均匀。

5 盖上盖，调至"米粥"状态，再焖5分钟，待时间到，按下"取消"键。

6 加入备好的葱花，搅拌片刻，将煮好的粥盛入碗中即可。

小贴士

鱼片要尽量切得薄厚一致，方便煲熟。

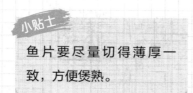

潮汕砂锅粥

 烹饪时间
26分钟

原料

基围虾200克，虾米30克，水发大米350克，冬菜20克，葱花、姜末各少许

调料

盐、鸡粉、胡椒粉各少许，食用油适量

小贴士

熬粥时多搅动，以免煳锅。

做法

1 洗净的基围虾斩去虾须，背部切开，剔去虾线。

2 砂锅中注水烧热，倒入备好的大米、虾米、姜末、冬菜，加入少许食用油、盐，搅匀。

3 盖上锅盖，大火煮开后转小火煮20分钟；揭盖，倒入基围虾，续煮5分钟至食材熟透。

4 加入些许鸡粉、胡椒粉，搅拌片刻，使食材入味；将煮好的粥盛出装入碗中，撒上葱花即可。

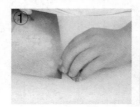

生滚猪肝粥

烹饪时间
40分钟

原料

猪肝100克，大米100克，姜丝、葱花各少许

调料

盐、味精、鸡粉、料酒、生粉、胡椒粉、芝麻油、食用油各适量

做法

1 洗净的猪肝切成片，加盐、味精、料酒、生粉拌匀，腌渍10分钟。

2 砂煲中注入适量清水烧开，倒入洗净的大米，加少许食用油，煮约30分钟至大米成粥。

3 放入猪肝拌匀，煮至断生。

4 再放入姜丝，略煮片刻至猪肝熟透。

5 加盐、鸡粉、胡椒粉，淋入芝麻油，搅拌均匀。

6 撒上葱花，取下砂煲即成。

腐竹白果粥

烹饪时间 46 分钟

原料

白果30克，水发腐竹40克，水发大米100克

调料

盐3克，鸡粉2克

做法

1 砂锅中注入适量清水烧开，倒入大米，拌匀。

2 加盖，大火烧开后转小火煮30分钟至米熟。

3 揭盖，放入白果，小火续煮15分钟至食材熟软。

4 揭盖，倒入洗净的腐竹，拌匀。

5 加入盐、鸡粉，搅拌片刻至入味。

6 将煮好的粥盛出，装入碗中即可。

小贴士

粥煮开后要多搅拌几次，以防煳锅。

干炒牛河

 烹饪时间
4分钟

原料

牛肉300克，绿豆芽、韭黄各50克，葱15克，湿河粉70克

调料

盐、鸡粉、味精、胡椒粉、生抽、老抽、苏打粉、食用油各适量

做法

1 牛肉洗净切片；葱洗净切段；韭黄洗净切段。

2 牛肉片加少许苏打粉、生抽拌匀，倒入适量食用油，浸渍片刻。

3 热锅注油，倒入牛肉片拌匀，滑油片刻捞出。

4 锅留底油，倒入洗净的绿豆芽、湿河粉翻炒匀。

5 加盐、鸡粉、味精、胡椒粉、生抽、老抽调味。

6 倒入牛肉片、韭黄和葱段，翻炒至熟，出锅装入盘中即成。

 小贴士

为防止河粉太黏稠不易翻炒或容易受破坏，可在放入锅中前倒入少许食用油，搅散。

叉烧炒河粉

 烹饪时间
4 分钟

原料

河粉180克，叉烧肉80克，洋葱45克，秋葵30克

调料

生抽5毫升，老抽3毫升，盐、鸡粉各2克，十三香粉3克，食用油适量

做法

1. 备好的叉烧肉切丝，装入盘中；处理好的洋葱切开，切成丝。

2. 将洗净的秋葵切粗丝，装入备好的盘中，待用。

3. 热锅中注入适量食用油烧热，倒入叉烧肉，炒香，加入十三香粉，快速翻炒匀。

4. 倒入洋葱、秋葵、河粉，淋入生抽、老抽，翻炒上色，加入盐、鸡粉，翻炒片刻至入味，将炒好的河粉盛入盘中即可。

小贴士

淋入生抽和老抽后，将水分炒干一点再盛出，口感会更香。

星洲炒米

🍲 烹饪时间 3分钟

原料

水发米粉180克，绿豆芽30克，胡萝卜120克，红椒40克，香菇10克，葱花、蒜末各少许，瘦肉100克，蛋液70克

调料

生抽10毫升，老抽3毫升，盐2克，鸡粉2克，料酒4毫升，水淀粉4毫升，白胡椒粉2克，食用油适量

做法

1 胡萝卜切丝；红椒去籽，切丝；香菇去蒂，切片；瘦肉切成丝。

2 肉丝装入碗中，加入盐、料酒、生抽、白胡椒粉、水淀粉、食用油，拌匀，腌渍10分钟。

3 热锅注油烧热，倒入鸡蛋液，翻炒松散，盛出。

4 锅底留油，烧热，倒入肉丝，翻炒转色，倒入香菇、胡萝卜、红椒，撒上蒜末，放入米粉，炒匀。

5 加入生抽、老抽、盐、鸡粉，炒匀调味，倒入鸡蛋，快速翻炒片刻至入味。

6 倒入葱花，炒出葱香，将炒好的米粉盛出，装入盘中即可。

上汤银针粉

烹饪时间 8分钟

原料

澄面300克，生粉60克，胡萝卜100克，水发香菇40克，火腿80克，小白菜45克，上汤800毫升

调料

盐、鸡粉各2克，食用油适量

做法

1 胡萝卜切丝；香菇切条；火腿切片，切丝；小白菜切去多余叶子。

2 锅中注入清水烧开，放盐、食用油，放入小白菜，拌匀，煮约半分钟，捞出，沥干水分。

3 将香菇倒入沸水锅中，煮半分钟，捞出沥干水分。

4 把澄面和生粉倒入碗中，混合均匀，倒入开水，搅拌，烫面，把面糊倒在案台上，搓成光滑的面团。

5 取适量面团，搓成细长条状，切成数个大小均等的剂子，把剂子搓成细条状，制成粉条生坯，将生坯放入食用油中，浸泡待用。

6 用油起锅，倒入火腿，炒香，盛出待用。

7 将上汤倒入锅中，放入香菇、胡萝卜丝，放入盐、鸡粉，加少许食用油。

8 放入生坯，搅拌，煮约3分钟至熟，把煮好的粉条盛出，放上小白菜、火腿即可。

小贴士

粉条生坯做好后放入食用油里浸泡，可以保持生坯的水分，避免生坯粘黏。

七彩银针粉

🍲 烹饪时间
10分钟

原料

澄面300克，淀粉200克，热水550毫升，胡萝卜1个，韭菜、叉烧丝各适量

调料

盐、鸡粉各少许，食用油适量

做法

1 把澄面、淀粉放在盆里，加入热水搅拌均匀，趁热搓成纯滑的面团，静置10分钟。

2 将面团搓成长条形，然后切成每个约7克的面团。

3 切好的面团全部搓成两头尖的针形。

4 将银针粉扫上油，排在碟中，再次扫油。

5 锅中加水烧开，再放入银针粉，开大火隔水蒸6分钟，蒸至晶莹剔透后取出来，放入冷水中过凉，再和叉烧丝、胡萝卜丝、韭菜一起放入油锅中炒熟。

6 加盐、鸡粉调好味，装盘即可。

小贴士

炒银针粉时宜选用不粘锅，充分烧热锅和油后再炒，这样不仅能防止粘锅，还可缩短炒的时间。

混酱肠粉

原料

粘米粉140克，玉米淀粉10克，澄粉20克，水500毫升，白芝麻少许

调料

海鲜酱3勺，花生酱2勺，食用油适量

做法

1 把粘米粉、玉米淀粉、澄粉加水搅拌均匀。

2 蒸锅注水烧开，蒸盘中薄薄地刷上一层油，将面糊倒入蒸盘中，放入蒸锅蒸3~4分钟。

3 将蒸熟后的粉皮卷起来，切成小段，放入盘中。

4 肠粉上淋上海鲜酱与花生酱，撒入白芝麻即可食用。

小贴士

肠粉一定要蒸熟，否则不Q，会软糊糊没嚼劲。

三丝炒面

 烹饪时间
3分钟

原料

熟拉面160克，青椒60克，茭白70克，胡萝卜80克

调料

生抽5毫升，老抽3毫升，盐、鸡粉各2克，食用油适量

小贴士

倒入米粉后可使用筷子，翻动时会更顺手一些。

做法

1 洗净的青椒去籽，切成丝；洗净去皮的胡萝卜切成丝；处理好的茭白切丝。

2 热锅中注油烧热，倒入茭白丝、胡萝卜丝、青椒丝，炒匀。

3 倒入拉面，快速翻炒均匀，加入生抽、老抽，翻炒上色。

4 加入适量盐、鸡粉，翻炒片刻至入味，将炒好的面盛出，装入盘中即可。

豉油王炒面

🍲 烹饪时间
5分钟

原料

熟方便面130克，去皮胡萝卜80克，火腿肠60克，韭菜65克

调料

蒸鱼豉油、老抽各5毫升，蚝油5克，食用油适量

做法

1 洗净的胡萝卜切成丝；韭菜切段；火腿肠切丝。
2 用油起锅，倒入胡萝卜丝、火腿丝，炒匀。
3 放入方便面，炒匀。
4 加入蒸鱼豉油、老抽、蚝油，炒匀。
5 放入韭菜段，翻炒约2分钟至入味。
6 关火后盛出炒好的面，装入碗中即可。

小贴士

火不要太大，否则面容易炒焦。

鲜虾云吞面

 烹饪时间
6分钟

原料

素面100克，虾仁30克，生菜50克，馄饨皮30克，牛骨汤200毫升

调料

盐2克，鸡粉3克，水淀粉、料酒、生抽各适量

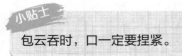

包云吞时，口一定要捏紧。

做法

1 洗净的生菜切开；虾仁切碎，加入盐、鸡粉、水淀粉、料酒，拌匀，制成馅料。

2 取1个馄饨皮，放上虾仁馅料，包起来，用手捏紧，制成云吞，备用。

3 锅中注入适量清水烧开，倒入素面，煮约2分钟至熟，捞出煮好的面条，备用。

4 锅置于火上，倒入牛骨汤，加入清水，煮至沸腾。

5 放入云吞，加入盐、鸡粉、生抽，拌匀调味。

6 放入生菜，稍煮片刻，捞出煮好的食材，装入面碗中，浇上汤汁即可。

葱油面

烹饪时间 8分钟

原料

挂面80克，青菜50克，大葱50克

调料

盐3克，鸡粉2克，食用油适量

做法

1 热锅注油烧热，倒入大葱，爆香，注入适量的清水，搅拌煮沸。

2 放入挂面，搅拌再次煮开。

3 加入盐、鸡粉，搅拌调味。

4 倒入青菜，搅拌煮至熟，盛出装入碗中即可。

小贴士

挂面过水要迅速，以免泡软。

上汤牛腩面

烹饪时间
50 分钟

原料

面条200克，牛腩50克，白萝卜100克，香菜、姜各适量

调料

盐、胡椒粉、上汤各适量

做法

1 萝卜洗净切块；姜切丝。

2 牛腩放入沸水中焯水。

3 将牛腩捞出，切成小块。

4 牛腩块、萝卜块放入锅中，加入上汤炖煮40分钟。

5 锅中注水烧热，放入面条，煮熟后捞出。

6 面条放入炖好的食材中，加香菜、姜丝、盐、胡椒粉，拌匀装碗即可。

 小贴士

牛腩的组织纤维较粗，结缔组织较多，切牛腩时应横切，将长纤维切断，更易入味。

腊味煲仔饭

 烹饪时间
43分钟

原料

水发大米350克，腊肠75克，姜丝少许，鸡蛋1个，上海青65克

调料

盐3克，鸡粉2克，食用油适量

砂锅中食用油可多放一些，这样煮的时候不易煳锅。

做法

1 洗净的腊肠用斜刀切片，洗好的上海青对半切开。

2 锅中注入适量清水烧开，放入切好的上海青，加入盐、食用油，用大火煮约1分钟，捞出，沥干，用盐、鸡粉腌渍一会儿，待用。

3 砂锅置火上烧热，刷上食用油，注入适量清水，用大火烧热，放入洗净的大米，搅散。

4 烧开后转小火煮30分钟，至米粒变软；压出1个圆形的窝，放入腊肠片，再打入鸡蛋，撒上姜丝。

5 再盖上盖，用小火焖约10分钟，至食材熟透。

6 关火后揭盖，放入腌好的上海青，取下砂锅即成。

② 　④ 　⑤ 　⑥

排骨煲仔饭

烹饪时间
38 分钟

原料

泰国香米150克，排骨段50克，蒜末、葱花各少许

调料

鸡粉、盐、白糖各2克，胡椒粉1克，生抽2毫升，料酒3毫升，蚝油4克，生粉3克，芝麻油、猪油、食用油各适量

做法

1 排骨段里加入蒜末、鸡粉、生抽、盐、白糖、料酒、蚝油、胡椒粉、生粉、芝麻油，拌匀，腌渍10分钟，至其入味。

2 将香米放入碗中，加入少许猪油，拌至溶化。

3 葱花中注少许温开水、生抽、芝麻油，调成味汁。

4 砂锅置于旺火上，注入适量开水，倒入拌好的香米，用大火烧开后转小火煮约20分钟。

5 倒入排骨、食用油，小火续煮15分钟，浇上味汁。

6 转大火焖至散出葱香味，取下砂锅，即可食用。

咸鱼鸡粒炒饭

🍲 烹饪时间
19分钟

原料

冷米饭3碗，咸鱼1小块，鸡胸肉1块，姜1小块，洋葱半个，彩椒适量

调料

盐2克，糖3克，料酒5毫升，芝麻油、淀粉、食用油各适量，胡椒粉少许

做法

1 咸鱼切成碎肉状；洋葱和姜切成碎蓉状备用。

2 鸡胸肉切丁后加盐、糖、淀粉、胡椒粉、料酒和芝麻油腌15分钟，起油锅大火快炒，盛起备用。

3 彩椒切丁，炒熟备用。

4 起油锅，放入洋葱碎和姜蓉，爆香。

5 加入咸鱼碎，炒香，倒入冷饭，翻炒至米饭干身呈松散粒状。

6 加入鸡丁及彩椒粒，大火快炒片刻，加入适量盐和芝麻油即可。

小贴士

咸鱼尽可能切碎，若偷懒切成大块便下锅炒，吃的时候会因咬到大块咸鱼而咸得发苦。

芋头腊肠炒饭

烹饪时间
4分钟

原料

米饭160克，芋头80克，腊肠60克，葱花少许

调料

生抽5毫升，盐、鸡粉各2克，食用油适量

做法

1 洗净去皮的芋头切丁；备好的腊肠切长丁。

2 热锅中注入适量食用油，烧至五成热，倒入芋头，搅匀，炸至微黄色，将芋头捞出，沥干油，待用。

3 热锅中注油烧热，倒入腊肠丁，炒香，倒入备好的米饭，快速翻炒松散。

4 倒入芋头，淋入生抽，翻炒均匀，加入适量盐、鸡粉，翻炒至入味，再倒入葱花，翻炒出葱香味，关火后将炒好的饭盛入碗中即可。

小贴士

倒入米饭后一定要边炒边按压，这样才能更好地炒匀。

海胆炒饭

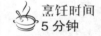 烹饪时间
5分钟

原料

米饭150克，海胆70克，鸡蛋3个，姜70克，葱适量

调料

盐、食用油各适量，生抽5毫升

做法

1 姜磨成姜蓉，与海胆混合在一起。

2 鸡蛋打入碗中，拌匀，放入注油的热锅中炒熟，盛出备用。

3 葱洗净，切成末，锅中注油烧至五成热，放入葱末，制成葱油。

4 用葱油将海胆小火慢炒，变干，炒香，盛出备用。

5 将米饭放入锅中，炒至米饭松散，淋入生抽，让米饭着色，续炒1分钟至均匀。

6 锅中加入炒好的鸡蛋与海胆，拌匀，续炒2分钟，盛出即可。

 小贴士

炒鸡蛋的时候要用筷子炒，这样炒的蛋不容易结块。